地域振興における
自動車・同部品産業の役割

小林英夫・丸川知雄

[編著]

社会評論社

第6章　北部九州自動車・部品産業の集積と地域振興の課題　西岡正・179

はじめに……179
1　九州における自動車産業集積の現状と課題……180
　1　活発化する完成車メーカーの生産展開／180
　2　産業集積の現状／181
　3　表面化する産業集積の抱える構造的な問題性／184
2　産業振興に向けた地域行政の取り組み……186
　1　北部九州自動車150万台生産拠点構想（福岡県）／186
　2　北九州市における自動車産業振興の取り組み／189
　3　熊本県における自動車産業振興の取り組み／193
3　産業振興に向けた残された課題と求められる方向……196
　1　残された課題と求められる方向／196
　2　求められる広域連携と支援対象の絞込み／200
おわりに……202

第7章　中国の自動車産業集積と日本自動車部品企業　丸川知雄・207

はじめに……207
1　中国の地域振興と自動車産業……208
2　日本自動車部品企業の立地……212
3　日系部品企業の部品取引……217
4　日系部品企業の自立……222
おわりに……227

終章　丸川知雄・231

5　その他の事例／104
　4　東海地区からみた新たな地域振興……106
　　1　東海地区企業事例の共通点／106
　　2　東海地区の製造業集積の基盤／108

第4章　中国地区・九州地区自動車・部品産業の集積と地域振興の課題　　太田志乃・113

はじめに……113
1　中国・九州地区における自動車産業史……115
　1　三菱自動車工業・水島製作所（中国地区）／115
　2　日産自動車・九州工場（九州地区）／116
2　中国・九州地区における自動車産業の現状……118
　1　数字にみる中国・九州地区の自動車産業／118
　2　中国・九州地区の自動車組立工場／125
　3　数字にみる中国・九州地区の自動車部品産業／128
　4　中国・九州地区における自動車部品産業の展開／131
　5　地場企業と進出自動車、サプライヤー企業の関係／137
　6　中国・九州地区における自動車産業集積の特徴／138
　7　マツダの歴史にみる地場とのつながり／139
おわりに——中国・九州地区における自動車産業の今後……143

第5章　北部九州進出企業の部品調達の現状と地場企業の課題　　藤樹邦彦・149

はじめに……149
1　北部九州進出企業の部品調達の現状……150
　1　本社や親企業の調達部門が取り組む重点購買政策／151
　2　北部九州地域では「調達の現地化」が重要な購買政策／160
2　北部九州地場企業の課題……164
おわりに……175

第2章　関東地区地区自動車・部品産業の集積と地域振興の課題　　　清 晌一郎・55

はじめに……55
1　関東地区自動車・同部品工業の形成と発展……56
2　自動車メーカーの購買政策の動向……59
3　グローバル時代に対応する部品メーカーの諸課題……65
　1 日本自動車産業のグローバル化を支えるサプライヤーの海外展開／66
　2 グローバル化に対応する部品メーカーの諸課題／67
4　グローバル化に対応する関東地区自動車部品メーカーの課題……73
　1 自動車部品業界の再編成／73
　2 関東各県の自動車部品産業の構造変化／74
　3「グローバル拠点」の形成と関東地域の振興の鍵／75
おわりに……77

第3章　東海地区自動車・部品産業の集積と地域振興の課題　　　竹野忠弘・79

はじめに……79
1　東海地区における自動車製造業題……81
　1 東海4県経済における自動車製造業のウエイト／81
　2 自動車製造業の分布／82
2　地域振興と地元中小企業集積……83
　1 地域振興政策の概要／83
　2 新たな産業振興政策の視点／89
3　東海地区自動車部品企業の経営戦略事例……92
　1 A社の事例／92
　2 B社の事例／97
　3 C社の事例／100
　4 D社の事例／102

序章　地域振興における自動車・同部品産業の役割と課題
小林英夫・9

はじめに……9
地域振興における自動車・同部品産業の役割……10
　1　日本経済を支える基幹産業／10
　2　自動車・部品産業の特徴と課題／13
　3　自動車生産台数／18
　4　地域企業振興政策の展開／26
　5　グローバル化と業界再編の動き／27
本書の構成……29

第1章　東北地区自動車・部品産業の集積と地域振興の課題
小林英夫・33

はじめに……33
1　東北地域における自動車産業集積の現状と課題……33
　1　関東自動車工業岩手工場の動向／33
　2　産業集積の現状／35
　3　東北地域が抱える問題点／42
2　東北産業集積に向けた地域行政の動き……44
　1　「とうほく自動車産業集積連携会議」の発足／44
　2　東北各県の取り組み／45
3　東北各県企業の取組み……46
　1　生産増強の動き／46
　2　参入への取組みの事例／48
4　東北部品企業の将来像……50
　1　東北自動車部品輸出基地化／50
　2　中国の動き／51
おわりに……52

地域振興における自動車・同部品産業の役割＊目次

序章

地域振興における自動車・同部品産業の役割と課題

小林英夫

■はじめに

　日本の自動車産業は現在目覚しい発展をとげている。小型で燃費の良い日本車への需要が急速に拡大するなかで、かつてない日本車ブームが国際的に生れてきている。そうした動きを生む背景には世界的な原油価格高騰と地球温暖化防止を目指したエネルギー効率向上の要請がある。したがって、日本車需要は当面避けることができない動きとして、今後もしばらくは継続することが予想される。

　日本車需要の増加は、北米市場を中心とする先進国自動車市場で生まれ、これに応えるべく日本からの輸出と海外現地生産の増強が求められている。かつての対米貿易摩擦の深刻な経験を考慮すれば、輸出増強は望むべき方法ではないが、現地生産が軌道に乗るつなぎの手段としては、当分日本での生産増強は推し進められざるを得ない。日本国内で、この大幅増強に応じうる地域をあげるとすれば北部九州地区と東北地区をあげて外には考えられな

い。むろん関東地区、名古屋地区も応分の分担が要請されることはいうまでもないが、大幅な増強となると先の2地区がもっとも大きな可能性を秘めているといわざるを得ない。

本書では、こうした視点に立って、東北、関東、東海、九州・中国地区およびアジア的規模での中国と日本の自動車産業集積の実態と比較、そして部品メーカーとの関連性の検討を試みたい。我々は、これまでも、こうした各地での産業集積では、多くの研究成果を共有している。しかし、それはあくまでも各産地の分析であって、それらの産地や生産国を相互比較の中で総体的に扱った研究は、さほど多くはない。[1]本書では、こうした日本の産地全体を射程に入れてその現状と変化の総体を描き出してみたい。

■ 地域振興における自動車・同部品産業の役割

1 日本経済を支える基幹産業

まず経済産業省『工業統計表』(2004年度版) で輸送用機械器具製造業の製造品出荷額と従業員数をみることで、日本の産業全体のなかでの自動車産業の位置を確認しておこう。

2004年度の出荷額は前年比1.7％増の50兆4225億円強で、全製造業に占める割合は18.3％で第2位の一般機械器具の27兆8742億円弱、10.1％、第3位の化学工業の23兆9633億円強、8.7％を大きく凌駕しトップを占めている (図表1参照)。また従業員数をみれば、製造業全体では734万人強だが、うち輸送用機械器具

図表1　産業別出荷額（従業者10人以上の事業所）

項目	製造品出荷額等					
	2003年			2004年		
産業	金額 （百万円）	前年比 （％）	構成比 （％）	金額 （百万円）	前年比 （％）	構成比 （％）
製造業計	264,679,070	1.7	100.0	276,022,147	4.3	100.0
09 食料品製造業	21,981,305	▲0.9	8.3	22,086,924	0.5	8.0
10 飲料・たばこ・飼料製造業	10,069,360	▲3.2	3.8	10,411,217	3.4	3.8
11 繊維工業（衣服,その他の繊維製品を除く）	2,136,130	▲3.3	0.8	2,091,449	▲2.1	0.8
12 衣服・その他の繊維製品製造業	2,093,054	▲8.2	0.8	1,949,212	▲6.9	0.7
13 木材・木製品製造業（家具を除く）	2,214,858	▲0.2	0.8	2,231,717	0.8	0.8
14 家具・装備品製造業	1,885,222	0.0	0.7	1,848,126	▲2.0	0.7
15 パルプ・紙・紙加工品製造業	6,882,788	▲0.7	2.6	7,007,706	1.8	2.5
16 印刷・同関連業	6,609,366	▲2.4	2.5	6,488,092	▲1.8	2.4
17 化学工業	23,148,328	2.6	8.7	23,963,315	3.5	8.7
18 石油製品・石炭製品製造業	9,696,483	3.8	3.7	10,274,355	6.0	3.7
19 プラスチック製品製造業（別掲を除く）	9,600,906	4.9	3.6	10,187,376	6.1	3.7
20 ゴム製品製造業	2,803,985	0.4	1.1	2,894,322	3.3	1.0
21 なめし革・同製品・毛皮製造業	414,582	▲5.8	0.2	411,163	▲0.6	0.1
22 窯業・土石製品製造業	6,781,056	▲3.6	2.6	6,845,112	0.9	2.5
23 鉄鋼業	11,689,380	8.5	4.4	13,909,871	19.0	5.0
24 非鉄金属製造業	5,525,435	▲0.6	2.1	6,089,181	10.2	2.2
25 金属製品製造業	11,936,932	▲4.0	4.5	12,202,812	2.2	4.4
26 一般機械器具製造業	24,815,090	2.3	9.4	27,874,153	12.3	10.1
27 電気機械器具製造業	17,596,923	0.6	6.6	18,040,906	2.5	6.5
28 情報通信機械器具製造業	12,658,601	2.7	4.8	12,838,410	1.4	4.7
29 電子部品・デバイス製造業	17,322,855	9.6	6.5	18,573,606	7.2	6.7
30 輸送用機械器具製造業	**49,572,518**	**3.9**	**18.7**	**50,422,543**	**1.7**	**18.3**
31 精密機械器具製造業	3,462,628	1.0	1.3	3,860,409	11.5	1.4
32 その他の製造業	3,781,284	▲11.3	1.4	3,516,570	▲7.0	1.3

注：2004年の数値及び前年比は、「新潟県中越大震災に伴う平成16年捕捉調査」結果（一部推計を含む）を加えたものである。
出所：経済産業省「工業統計」2006年。

図表2　産業別従業者数（従業者10人以上の事業所）

項目 産業	製造品出荷額等					
	2003年			2004年		
	実数 （人）	前年比 （％）	構成比 （％）	実数 （人）	前年比 （％）	構成比 （％）
製造業計	7,349,539	▲1.5	100.0	7,340,312	▲0.1	100.0
09 食料品製造業	1,030,920	▲1.3	14.0	1,021,169	▲0.9	13.9
10 飲料・たばこ・飼料製造業	92,333	▲2.4	1.3	91,573	▲0.8	1.2
11 繊維工業（衣服,その他の繊維製品を除く）	117,034	▲4.6	1.6	113,453	▲3.1	1.5
12 衣服・その他の繊維製品製造業	227,206	▲8.5	3.1	212,142	▲6.6	2.9
13 木材・木製品製造業（家具を除く）	97,383	▲2.5	1.3	94,661	▲2.8	1.3
14 家具・装備品製造業	96,933	▲4.4	1.3	94,465	▲2.5	1.3
15 パルプ・紙・紙加工品製造業	197,561	▲2.4	2.7	193,684	▲2.0	2.6
16 印刷・同関連業	95,936	▲2.4	4.0	288,833	▲2.4	3.9
17 化学工業	337,847	▲2.7	4.6	334,645	▲0.9	4.6
18 石油製品・石炭製品製造業	21,123	▲0.2	0.3	20,324	▲3.8	0.3
19 プラスチック製品製造業（別掲を除く）	382,953	3.1	5.2	391,983	2.4	5.3
20 ゴム製品製造業	110,894	▲0.7	1.5	112,131	1.1	1.5
21 なめし革・同製品・毛皮製造業	24,518	▲6.2	0.3	23,831	▲2.8	0.3
22 窯業・土石製品製造業	269,538	▲4.1	3.7	260,198	▲3.5	3.5
23 鉄鋼業	196,303	▲1.2	2.7	198,356	1.0	2.7
24 非鉄金属製造業	122,055	▲3.0	1.7	122,400	0.3	1.7
25 金属製品製造業	533,986	▲2.4	7.3	534,836	0.2	7.3
26 一般機械器具製造業	827,178	▲1.0	11.3	856,926	3.6	11.7
27 電気機械器具製造業	540,864	▲4.8	7.4	525,969	▲2.8	7.2
28 情報通信機械器具製造業	222,773	▲1.8	3.0	218,275	▲2.0	3.0
29 電子部品・デバイス製造業	487,360	0.9	6.6	486,589	▲0.2	6.6
30 輸送用機械器具製造業	846,131	2.7	11.5	872,028	3.1	11.9
31 精密機械器具製造業	140,009	▲1.1	1.9	142,487	1.8	1.9
32 その他の製造業	130,701	▲5.1	1.8	129,354	▲1.0	1.8

注：2004年の数値及び前年比は、「新潟県中越大震災に伴う平成16年捕捉調査」結果（一部推計を含む）を加えたものである。
出所：経済産業省「工業統計」2006年。

製造業は87万人強で、11.9％を占めているのである（図表2参照）。

　これらの数値が示すように、自動車・部品産業は日本経済のなかで大きな比重を占めている。また各県別製造品出荷額で全出荷額中に占める比率を見た場合でも、愛知県が49.2％ともっとも高く、群馬県の31.1％と続く。以下北から20％を超える県をあげると神奈川県の22.5％、静岡県の28.9％、三重県の28.0％、広島県の24.0％、福岡県の24.3％、熊本県の20.0％と続く。これらに10％以上の県をあげると総計17の県がこれに該当し全国的に分布している(2)。日本の地域経済の動向に自動車産業は大きな影響力を有していることが、この一事をもっても知ることができる。

2　自動車・部品産業の特徴と課題

(1) 裾野の広いピラミッド型構造

　自動車産業は総合部品組立産業である。自動車の部品点数は1台あたり2万点とも3万点とも言われる。これらの部品をアッセンブリーラインで装着し、1台の完成車が出来上がる。その生産プロセスを図示すれば図表3の通りであるが、素材は鋼板、塗料、樹脂、ガラス、ゴムなど多様であり、多種多様な中間製品をラインで組立てることで完成される。さらに完成後も販売、流通、サービスがこれに付加されるかたちで、その関連する範囲は、トップのカーメーカーを頂点にいく層にも重なる部品メーカーの裾野とそれに素材を供給する素形材メーカーの層がピラミッド状をなし、さらに車の販売、サービスを加えた一大産業ネットワークが形成されている。したがって、日本自動車工業会によれば、

図表3　自動車組立工程の概要

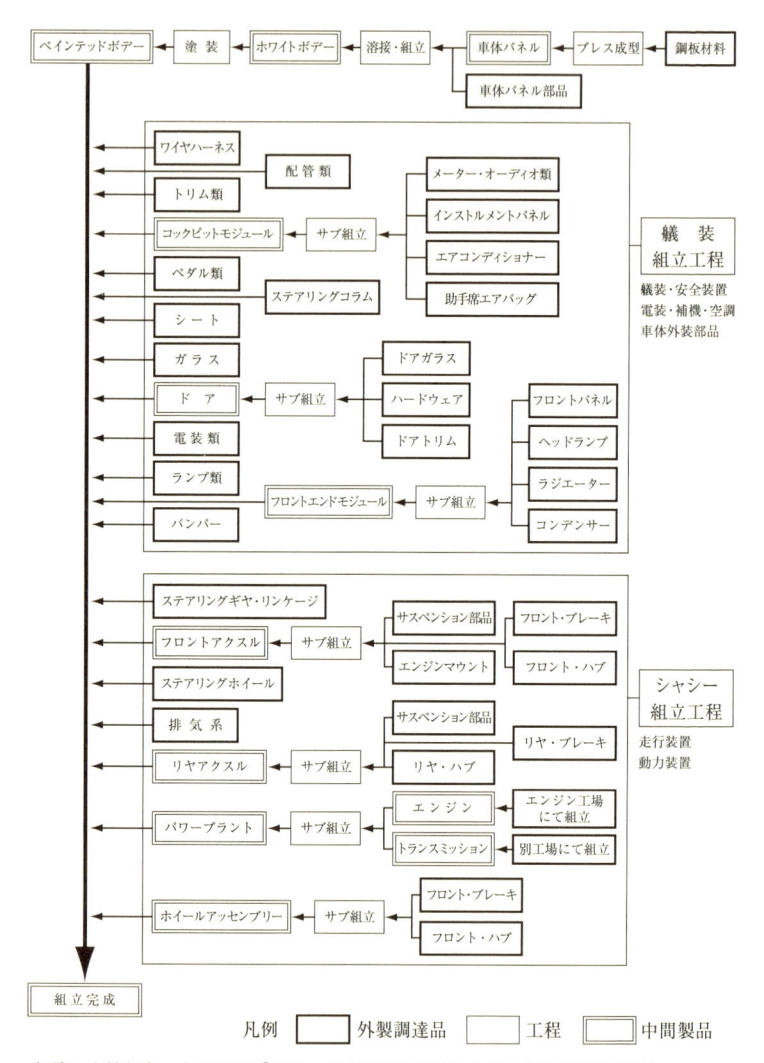

```
鋼板材料 → プレス成型 → 車体パネル → 溶接・組立 → ホワイトボデー → 塗装 → ペインテッドボデー
                        車体パネル部品
```

艤装組立工程（艤装・安全装置、電装・補機・空調、車体外装部品）

- ワイヤーハーネス
- 配管類
- トリム類
- コックピットモジュール ← サブ組立 ← メーター・オーディオ類 / インストルメントパネル / エアコンディショナー / 助手席エアバッグ
- ペダル類
- ステアリングコラム
- シート
- ガラス
- ドア ← サブ組立 ← ドアガラス / ハードウェア / ドアトリム
- 電装類
- ランプ類
- フロントエンドモジュール ← サブ組立 ← フロントパネル / ヘッドランプ / ラジエーター / コンデンサー
- バンパー

シャシー組立工程（走行装置、動力装置）

- ステアリングギヤ・リンケージ
- フロントアクスル ← サブ組立 ← サスペンション部品 / エンジンマウント → フロント・ブレーキ / フロント・ハブ
- ステアリングホイール
- 排気系
- リヤアクスル ← サブ組立 ← サスペンション部品 / リヤ・ハブ → リヤ・ブレーキ
- パワープラント ← サブ組立 ← エンジン（エンジン工場にて組立）/ トランスミッション（別工場にて組立）
- ホイールアッセンブリー ← サブ組立 ← フロント・ブレーキ / フロント・ハブ

→ 組立完成

凡例：□ 外製調達品　□ 工程　□ 中間製品

出所：小林英夫・大野陽男『グローバル変革に向けた日本の自動車部品産業』工業調査会、2005年、89頁。

自動車関連就業人口は486万人で、その内訳をみれば、製造部門が74万6000人、輸送関係など利用部門が264万1000人、そしてガソリンスタンドや金融といった関連部門が32万7000人、電機、非鉄、鉄鋼といった資材部門が9万7000人、販売・整備部門が105万人を数え、広範な産業領域をカバーしている。(3)

(2) 高い外注比率

したがって日本のカーメーカーの1つの特徴として外注比率の高さがあげられる。欧米企業の内製率が70％前後であったのに対して日本のカーメーカーのそれは30％前後にすぎなかった。近年欧米企業も日本企業に学んで内製率を落としてきているが、それでも日本企業と比較するとまだ内製率は高い。日本自動車企業の場合、エンジンやトランスミッション、アクスル、ボディプレスといった重要保安部品や大物部品を除くと、それ以外の大部分の部品を外注している。それにもかかわらず欧米と比較すると日本のカーメーカーが直接取引きする部品メーカーの数はさほど多くはない。それは、カーメーカーが部品メーカーにサブアッセンブリー工程まで任せる一括発注制度を採用していることと、部品ごとの取引メーカーの数を1社当り平均2.5社程度に絞り込んでいるからである。

したがって、日本自動車産業の場合にはカーメーカーの内製率の低さと外注率の高さゆえに、一括発注を受けユニット部品を納入する少数のティア1メーカーと、そこに部品を納入するティア2メーカー、そのティア2メーカーに部品を供給するティア3の下請けメーカーが層を成すかたちで前述したプラミッド型産業構

造を作りだすのである。

(3) 開発拠点と生産拠点

　日本の自動車産業のいまひとつの特徴は初発の段階からカーメーカーと部品メーカーが連携して開発を展開する点にある。車輌の計画・設計段階に部品メーカーが参加し、カーメーカーと共同で計画・設計を行うデザイン・イン方式が多用されている。具体的には部品メーカーの開発技術者がゲスト・エンジニヤとして自動車メーカーに常駐し設計業務を行い、カーメーカーの開発コスト削減に寄与する。その際部品メーカーが自主的に開発した技術をカーメーカーに売り込む場合や、両者が共同開発する場合、カーメーカーが先行開発を行う場合などがある。近年部品を集めてモジュール化、ユニット化する動きが活発化するなかでは、部品メーカーの開発力がより一層求められてきている。こうして部品メーカーは、計画・設計段階に参加することで、その見返りに新車情報や新技術に関する情報を入手し、かつ生産開始と同時にモジュール部品、ユニット部品供給を確保し、それを通じた長期安定需要を保持する事が可能となるのである。外注比率が高い日本自動車産業の特徴が、こうしたデザイン・インを有効に作用させる要因として働いている。もっとも日本の自動車産業集積を地域的に見た場合、中部・東海地区、関東地区、近畿、中国地区は開発機能を有するが、東北、北部九州地区には開発機能はなく生産拠点に特化している。

(4) 高い参入障壁

したがってカーメーカーの周辺にはティア1メーカーが随伴し、部品供給を実施している場合が多い。それは、多くの場合ジャストインタイムでの部品納入が義務付けられているため、重量物に関しては、近場での生産と供給が便利だからである。また電装品や重要保安部品の中でも小物部品は、本社で一括集中購買もしくは生産し、それを全国、全世界に配給するシステムをとっているケースが一般的である。したがって、ティア2、ティア3の部品メーカーが新たに新規参入するにはそれなりの厳しい条件をクリアすることが求められる。高品質の部品を低価格で、しかも定時に定量供給するためには、日頃からの日常的な改善活動が必要とされ、加えて継続的な原価低減、納期短縮にも同様の改善活動が不可避となる。こうした改善活動を持続するためには経営者のみならず従業員を含めた全社一体の「意識改革」が進められなければならない。こうした厳しい条件をクリアしたティア1、ティア2企業のみが、自動車産業への参入の戸を開ける事が可能となるのである。

(5) 参入に挑戦するティア1、ティア2企業

ティア1、ティア2企業にとって参入が厳しい理由は、先述したように開発と生産の展開が一体化している点にある。つまり、末端の部品メーカーでも、完成車の開発段階から参入しなければ、参入のチャンスは極めて少なくなる。自動車の開発から生産までは通常1年以上の時間が必要となる。仮に何らかの形で開発に参

与できても、1年以上我慢しなければ生産にタッチできない。しかも、この間、幾度となく繰り返される生産準備のテストをクリアせねばならず、同時にさまざまな提案活動を通じた改善の努力も求められる。

こうした二重三重の課題に耐えるには前述した経営陣、従業員一体の「意識改革」以外に優れた技術的・財務的体質を具備する事が必要となる。

しかし、中部・東海地区や関東地区と異なり東北や北部九州地区といった新興自動車生産地域の地場企業は、これまでほとんど自動車産業とは無縁の業種を生業にしてきた。電機電子、精密機器産業へ部品を供給する金型、樹脂成型、金属加工、メッキ、塗装、熱処理と言った分野で技術を磨いてきた中小企業が多い。こうした地区では技術レベルでは自動車部品産業への参入基準をクリアできる企業は少なくないが、自動車産業以外で生きてきた彼らは、完成車メーカーの開発情報や新車情報をキャッチすることは困難である。また参入が確定していない段階で、自動車部品生産に必要な大規模な設備や備品を準備・購入するにはリスクが大きい。こうした弱点を克服するには、前述した企業自らの「意識改革」を前提に、マーケッティング機能の強化、そして財政的基盤の強化が求められる。

3　自動車生産台数

(1) 生産台数の動向

日本の自動車産業は戦後輸出を主体に成長を遂げてきた。1970

年に500万台に達した日本の自動車生産は、その後輸出を主体に85年には1227万台まで拡大した。しかし1980年代の対米貿易摩擦の激化と1985年のプラザ合意を契機に円高がはじまると、これを回避するための海外現地生産が開始された。その後米国での海外生産を手始めに欧州、アジアでの海外生産が増加し、2000年代に入ると国内生産が安定すると同時に北米、アジアを中心とした海外生産が伸びて、2005年には国内で1080万台、海外では1060万台が生産され、ともに約1000万台とほぼ並行した。しかも国内生産を見るとその半数の約500万台が輸出であることをかんがえると、海外市場依存は1500万台となり、日本の総生産台数の75％が海外市場向けであることが判明する。今後日本での人口減少等を考慮に入れると海内生産増大の時代がさらに継続することが予想される（図表4参照）。

　また目を世界に転ずると、2005年段階で米国、日本はいずれも1000〜1100万台、ドイツは570万台を上下するラインで生産を展開しているのに対して、BRICsと称されるブラジル、ロシア、インド、中国での生産増加は目覚しく、4カ国合計で約1121万台強と日本、アメリカに匹敵する生産台数を記録している（図表5参照）。しかもBRICsの伸び率をみれば、現状維持もしくは漸減傾向のなかで、ほぼ平行線を描く米・日・ドイツとは対照的に急速にその生産台数を増加させている。なかでも2000年代に入ってからの中国の自動車生産台数の増加が著しい。中国はBRICs4カ国の中でも最大の自動車生産台数を誇り、BRICs全体のほぼ半分に当たる570万台強を中国が生産しており、その増加傾向は今後も継続することが予想される。したがって今後中国とどう向

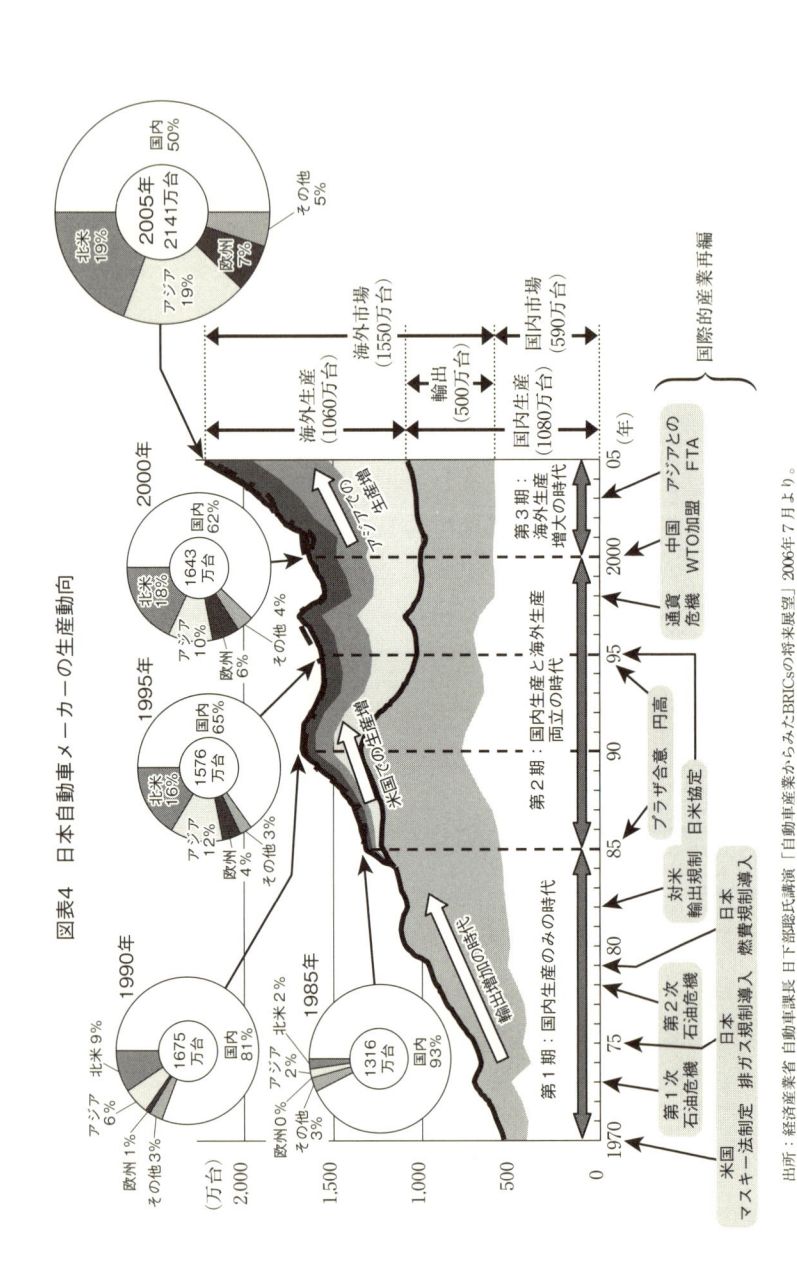

図表4 日本自動車メーカーの生産動向

2005年 2141万台: 国内50%、北米19%、アジア19%、欧州7%、その他5%

海外生産(1060万台)、輸出(500万台)、国内生産(1080万台)
海外市場(1550万台)、国内市場(590万台)
国際的産業再編

2000年 1643万台: 国内62%、北米18%、アジア10%、欧州6%、その他4%

1995年 1576万台: 国内65%、北米16%、アジア12%、欧州4%、その他3%

1990年 1675万台: 国内81%、北米9%、アジア6%、欧州1%、その他3%

1985年 1316万台: 国内93%、北米2%、アジア2%、欧州0%、その他3%

第1期：国内生産のみの時代（輸出増加の時代）
第2期：国内生産と海外生産両立の時代（米国での生産増）
第3期：国内生産・海外生産増大の時代（アジアでの生産増）

1970　1975　1980　1985　1990　1995　2000　05（年）

米国マスキー法制定　排ガス規制導入
第1次石油危機
第2次石油危機
日本 燃費規制導入
対米輸出規制
プラザ合意　円高
日米協定
通貨危機
中国 WTO加盟
アジアとのFTA

出所：経済産業省 自動車課長 日下部聡氏講演「自動車産業からみたBRICsの将来展望」2006年7月より。

図表5　各国自動車生産台数推移

		2003年			2004年			2005年		
		乗用車	トラック・バス	合計	乗用車	トラック・バス	合計	乗用車	トラック・バス	合計
	米国	4,510,469	7,604,502	12,114,971	4,229,625	7,759,712	11,989,337	4,321,272	7,659,640	11,980,912
	日本(1)	8,478,328	1,807,690	10,286,018	8,720,385	1,791,133	10,511,518	9,016,735	1,782,924	10,799,659
	ドイツ(2)	5,145,403	361,226	5,506,629	5,192,101	377,853	5,569,954	5,350,187	407,523	5,757,710
BRICs	ブラジル	1,505,139	322,652	1,827,791	1,756,166	453,896	2,210,062	2,009,494	518,806	2,528,300
	ロシア	1,010,436	268,356	1,278,792	1,109,958	275,476	1,385,434	1,068,145	283,054	1,351,199
	インド	907,968	253,555	1,161,523	1,178,354	332,803	1,511,157	1,264,000	362,755	1,626,755
	中国	2,018,875	2,424,811	4,443,686	2,316,262	2,754,265	5,070,527	3,078,153	2,629,535	5,707,688
	BRICs 計	5,442,418	3,269,374	8,711,792	6,360,740	3,816,440	10,177,180	7,419,792	3,794,150	11,213,942
世界生産台数	計	41,949,021	18,631,432	60,580,453	44,099,632	19,856,783	63,956,415	46,009,207	20,456,561	66,465,768

注：(1) 日本については確報値、その他の国については OICA 発表の速報値。
　　(2) ドイツ自工会統計では、GMのベルギー組立台数を含む。
出所：日本自動車工業会（JAMA）HP（http://www.jama.or.jp/）より作成。

き合うか、対中国戦略をどう立てるかが、21世紀の日本のみならず世界の自動車・部品企業にとって死活の問題となる。とりわけ今後生産増強のみならず開発機能まで具備し内需のみならず世界市場へ輸出攻勢をかけてくることが予想される中国自動車企業とそこに部品を供給する在中国のティア1企業に対して、日本の自動車部品企業がどのような形で製品を供給するかも今後重要な問題となることが予想される。

(2) 日本国内各地の生産・輸出動向

日本の自動車メーカーの自動車生産台数は、ほぼ1000万台を前後し、輸出台数はその約半分の500万台であることは前述した通りだが、2005年の各社別の生産台数を見た場合(図表6-1)、トヨタが約380万台とトップを占め、以下日産の145万台、ホンダの126万台、スズキの109万台と続いている。また輸出という点では(図表6-2)、これまたトヨタがトップの204万台で、以下日産の68万台、マツダの61万台、ホンダの52万台と続いている。この間日本企業の輸出比率が上昇しているのは円安の影響が大きい。なかでもトヨタは53.7%と他社を抜いて輸出比率が高くなっている。トヨタの生産する中小型車やハイブリッド車に対する人気の高さが輸出の拡大につながり、他社と比較して高い輸出比率を生む原因になっているのである。しかしこれが1980年代の日米貿易摩擦の再来を生み出さないとも限らない。現に追い上げられているGMの会長は、インタビューでトヨタに対して「危険な競争相手」(4)と表明してはばからないし、米自動車業界は、日本がとる為替政策をからめた輸出攻勢に対して厳しい批判を展開

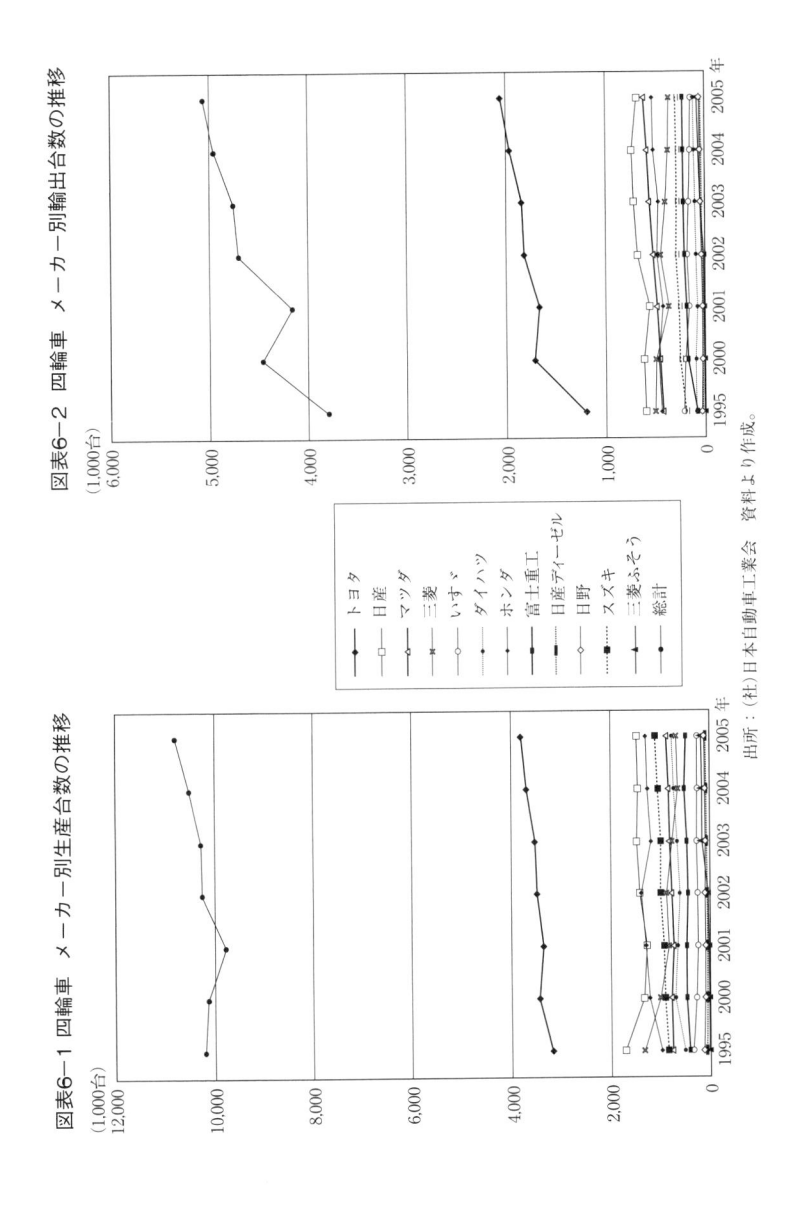

図表6-1 四輪車 メーカー別生産台数の推移

図表6-2 四輪車 メーカー別輸出台数の推移

凡例：トヨタ、日産、マツダ、三菱、いすゞ、ダイハツ、ホンダ、富士重工、日産ディーゼル、日野、スズキ、三菱ふそう、総計

出所：(社)日本自動車工業会 資料より作成。

序章　地域振興における自動車・同部品産業の役割と課題

し、ブッシュ政権にプレッシャーをかける動きを示している[5]。トヨタもこうした動きを敏感にキャッチし、北米市場での現地生産を加速度化させ、2007年2月北米第9番目の工場をミシシッピー州に設立することを決定したが、該州を選択した最大の理由は、政治的理由が大きいといわれている[6]。

　次に日本が生産する年間約1100万台のメーカー別、地域別国内分布を見た場合（図表7）、中部・東海地域がトヨタ自動車を中心とした年間450万台を生産する国内最大の集積地を形成している。ここにはトヨタの本社と開発機能が集中し、トヨタ系の部品企業も厚い集積をなしており、県レベルで自動車関連出荷額が高い比率を占める愛知、静岡の両県がある。これに次ぐのが関東地域で、年間約300万台の生産実績があり、日産、富士重工、日産ディーゼル、本田技研、日野、いすゞ、関東自動車が本社・開発機能を有し、ここにパーツを供給する部品企業が中部・東海地区同様分厚い層を成している。この2大拠点と並んで、中国地区にはマツダ、三菱を中心に約150万台の、近畿地区にはダイハツを中心に約50万台の生産拠点が活動している。1990年代以降力をつけてきたのが北部九州地区と東北地区で、前者には日産、トヨタに加えてダイハツ車体（現ダイハツ九州）が稼動して約100万台の実績を、後者は関東自動車が約30万台までその生産を拡大してきている。

　2000年代に入ってからは、輸出向けへの需要増大から、トヨタは傘下の関東自動車岩手工場と九州工場の生産能力のアップを計画した。関東自動車は2006年からこれまでの年間15万台を約2倍の30万台まで増加させる方針を決定、ラインを増設しカロー

図表7　自動車地区別生産状況

約30万台
約150万台
約100万台
約50万台
約300万台
約450万台

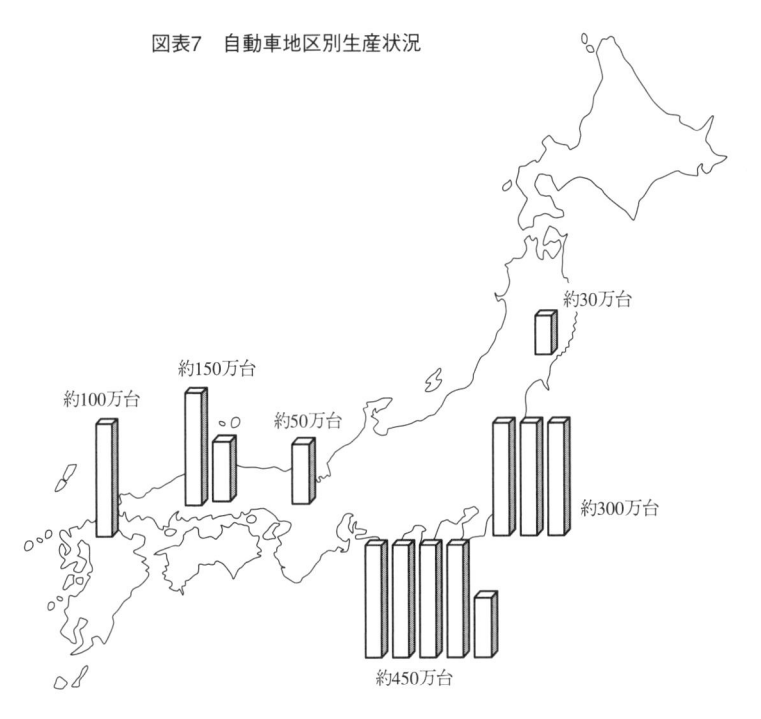

出所：各所資料をもとにほくとう総研が作成。

ラを中心に対米輸出車輌の増産に着手した。また北部九州地区でも宮田工場の生産をこれまでの25万台から42万台へ増産すると同時に新設された北九州空港に隣接して年間22万基を生産するエンジン工場をスタートさせた。日産も九州工場内に神奈川県の日産車体の一部を移転し、そこで生産を展開する動きを見せ、本田技研も久留米に20万基を生産するエンジン工場の建設に着手し、くわえて埼玉県の本庄に新工場を建設する計画を具体化させた。またスズキも静岡県に新工場の建設計画を発表し、増

産体制に拍車をかけた。

4　地域企業振興政策の展開

　自動車部品産業を地域産業振興の柱に据えるには国や行政サイド、そして地元の大学の支援や地場企業の技術向上のためのさまざまなセミナーの実施、産学連携による新技術への取組みがある。

　東北6県は、2006年7月に岩手、宮城、山形3県が集まり「とうほく自動車産業集積連携会議」をスタートさせ、それに秋田、青森、福島が加わり6県体制となり、地場産業の参入支援策として、メーカー向け展示商談会の開催や、技術アドバイザーによる工程改善指導、各種設備資金の貸付、大学や職業教育機関を使った人材育成などを始めているし、東北大学を中心とした産学連携での技術開発、核となる一次部品メーカーの誘致、道路・港湾の整備に象徴される産業基盤整理なども実施している。

　北部九州も、地場企業の新規参入のための商談会、部品展示会、生産改善指導、資金融資、各種人材育成など、東北6県と名称に多少の違いがあるものの、積極的な振興策を具体化させている。

　こうしたなかで、少しずつではあるが、それぞれの地域における自動車・部品産業の集積は実を結びつつある。北九州市ではプレス、樹脂加工、金型などを中心に43社の地場企業を集めた「北九州地域自動車ネットワーク（パーツネット北九州）」が05年11月に立ち上げられた。熊本県に本拠を置くアイシン九州を中心に、系列を超えた自動車部品メーカーが集まって2000年に設立された「リングフロム九州」も、九州内での部品調達率100％

を目指し現在37社が活動している。

5 グローバル化と業界再編の動き

現在、世界の自動車メーカーは、グローバリゼーションのなかで合従連衡を繰り返しながら、全体としてはグループ化の方向へ突き進んでいる。欧米企業の競争力回復のなかで1996年フォードがマツダの株式保有率を33.4％へ引き上げて以降筆頭株主となり、その傘下におさめたことを契機に日本企業の外資系企業への傘下入りの動きが積極化した。99年3月にはルノーが日産の株式36.8％を取得、05年3月には日産ディーゼルをもその傘下に

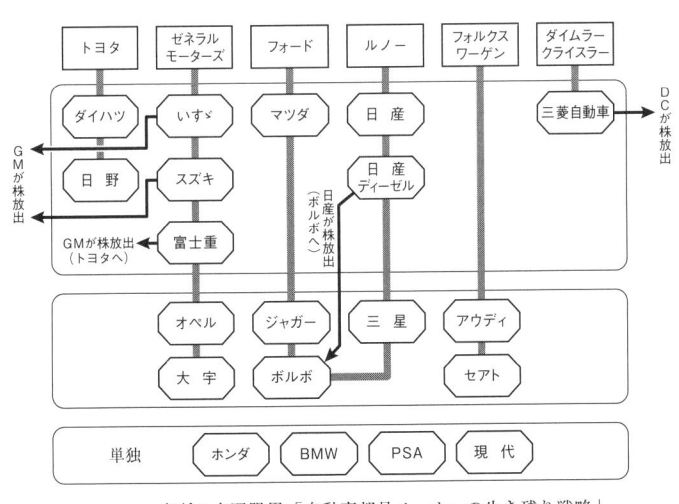

図表8 業界再編の新たな動き

出所：大野陽男「自動車部品メーカーの生き残り戦略」
（2006年山形県庁講演資料）より。

おさめた。この動きはその後も継続し、2000年以降GMがスズキ、富士重工、いすゞを、ダイムラー・クライスラーが三菱自工、三菱ふそうトラック・バスに資本参加し、その結果一時日本のメーカー11社のうち国内資本のメーカーは、トヨタとその系列のダイハツ、日野そしてホンダの4社のみとなった（図表8）。

しかし、2004年以降経営合理化を進めた日本企業に追い風が吹いた。原油高と地球環境保護の動きが強まるなかで、中小型車中心で燃費効率が良い日本車への人気が高まり、トヨタは、最大の収益源である北米市場でのシェアを伸ばしGM、フォードを追い上げ、2位フォードを抜いてトップのGMに肉薄した（図表9）。「GMを抜くのは時間の問題[13]」といわれるなかで、経営合理化に苦悩するGMを尻目にその差を確実につめてきている。

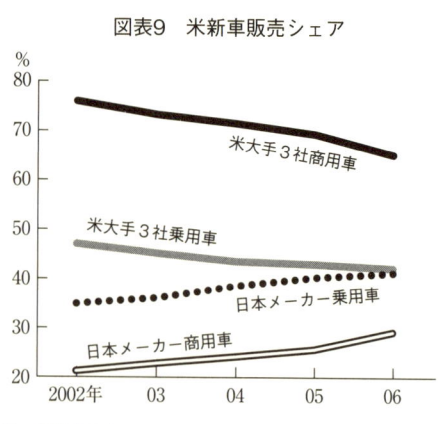

そうしたなかで2005年以降GM、フォード、ダイムラー・クライスラーのビッグ3は、合理化対策の一環として資本・業務提携の見直しを実施しはじめた。その結果、GMは、2000年以降取得したいすゞ、スズキ、富士重工の株を放出した。GMが放出した富士重工といすゞの株をトヨタが取得することで、富士重工といすゞはトヨタ集団に

図表9　米新車販売シェア

注：商用車はピックアップトラック、SUV、ミニバンの総称
出所：「日本経済新聞」、2007年2月28日。

入った。そのほか、ダイムラー・クライスラーは三菱ふそうの株80％を取得、完全子会社化をはかる一方で、三菱自動車株を放出、三菱自動車は三菱グループの支援を受けて再建への道を歩み始めた。また2000年以降ゴーン社長のもと復活を果した日産も、2006年以降は販売不振で振るわず、2006年11月トラック部門の日産ディーゼル株をボルボに放出した。またダイムラー・クライスラーは経営状況が極端に悪いクライスラーの分離、分社化か売却を考慮中といわれている[14]。まさに自動車業界は再度再編の時代に入っているのである。

■本書の構成

　以上は最近までの日本の自動車・部品産業をめぐる動向であるが、序章を閉じるにあたって本書の構成と概要を簡単に紹介しておきたい。第1章　東北地区自動車・部品産業の集積と地域振興の課題（小林英夫執筆）は、東北唯一の完成車メーカーである関東自動車岩手工場の生産動向と東北の部品産業集積の現状と問題点、「とうほく自動車産業集積連携会議」を中心とした行政側の活動および東北部品企業の同部門への参入活動の実情に言及している。第2章　関東地区自動車・部品産業の集積と地域振興の課題（清晌一郎執筆）は、同地区の自動車・部品産業の発展を素描し、カーメーカー各社の購買政策を紹介し、カーメーカーのグローバル戦略に対応した諸課題を検討し、最後に関東地区のグローバル対応のポイントが設計・開発・試作・購買の再構築如何にあると

断じている。第3章　東海地区自動車・部品産業の集積と地域振興の課題（竹野弘忠執筆）は、日本最大の自動車・部品集積地区である東海地区に焦点を当て、そこでの中小部品企業の集積とここで展開されているクラスター戦略とその事例分析を展開している。第4章　中国地区・九州地区自動車・部品産業の集積と地域振興の課題（太田志乃執筆）は、中国・九州地区のカーメーカーの発展史と現状を跡づけ、次に部品産業の実態をインタビュー調査をまじえて検討し、中国地区のマツダと地場企業との強い紐帯の実情に言及している。第5章　北部九州進出企業の部品調達の現状と地場企業の課題（藤樹邦彦執筆）は、まず北部九州進出ティア1企業に焦点を当て、カーメーカーの集中購買、「世界最適購買」のなかで、部品メーカーがいかなる対応を迫られているかを言及し、現地調達とともに九州北部での「調達の現地化」の実態を検討し、今後の地場企業の課題に言及している。第6章　北部九州自動車・部品産業の集積と地域振興の課題（西岡正執筆）は、北部九州に焦点を当てながら、この地区の自動車・部品産業の集積の実態と特徴を論じ、北部九州地区の自動車・部品産業振興に向けた地域行政の内容を紹介し、最後に今後の課題に言及している。第7章　中国の自動車産業集積と日本自動車部品産業（丸川知雄執筆）は、アジアの新興自動車生産・販売大国に成長しつつある中国に焦点を当て、日本の部品企業の中国市場での位置の低さ、影響力の少なさを指摘し、日系部品企業の中国メーカーへの他社拡販と日系カーメーカーからの「自立」の必要性を説いている。

【注】
(1) 各産地の情況を分析したものとしては、日本政策投資銀行東海支店『愛知県における自動車産業クラスターの現状と発展可能性——日本政策投資銀行・スタンフォード大学共同調査「地域の技術革新と起業家精神に関する調査」——』2003、東北経済産業局「東北地域における自動車関連産業の集積、活性化に向けた産業基盤整備等のあり方に関する調査報告書」2004、(財) 九州地域産業活性化センター「九州の自動車産業を中心とした機械製造業の実態及び東アジアとの連携強化によるグローバル戦略に関する調査研究」2006 などがあげられる。しかし、こうした各地の産業集積をトータルに分析したものは見当たらない。
(2) 経済産業省『工業統計』2004 年参照。
(3) (社) 日本自動車工業会ホームページより (データは 2004 年現在)。
(4) 「日本経済新聞」2006 年 12 月 15 日。
(5) 同上紙、2007 年 1 月 2 日。
(6) トヨタの新工場設立にあたっては、共和党ミシシッピー州知事との連関が大きかったと新聞は報じていた (同上紙、2007 年 2 月 5 日)。
(7) 「河北新報」2006 年 12 月 10 日。
(8) 「日本経済新聞」2006 年 12 月 19 日。
(9) 同上紙、2006 年 10 月 10 日。
(10) 同上紙、2007 年 1 月 15 日。
(11) 同上紙、2007 年 2 月 2 日。
(12) 同上紙、2007 年 3 月 2 日。
(13) 同上紙、2007 年 2 月 15 日。
(14) クライスラー売却や資本提携の動きに対して、はやくも GM や韓国の現代自動車、中国の吉利などの名が挙がっているといわれている (「朝日新聞」2007 年 3 月 2 日)。

第1章

東北地区自動車・部品産業の集積と地域振興の課題

小林英夫

■はじめに

　本章では、新興自動車産業集積地である東北地区に焦点をあてて地域行政の産業振興政策の展開過程を検討する。第1節では東北地区での産業集積の現状を概観し、第2節では、東北での自動車・部品産業振興に向けた地域行政の展開の具体的姿を追う。ここで対象とするのは主に宮城県、山形県そして岩手県の3県である。そして第3節では今後の産業振興に向けた課題を企業、地方行政両面で見てみることとしたい。[1]

■東北地域における自動車産業集積の現状と課題

1　関東自動車工業岩手工場の動向

　東北唯一の完成車メーカーである関東自動車工業の生産動向

図表1　生産台数推移

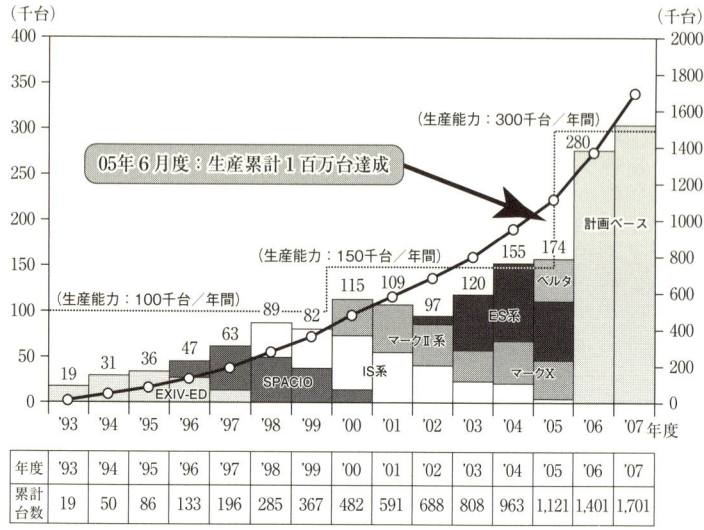

年度	'93	'94	'95	'96	'97	'98	'99	'00	'01	'02	'03	'04	'05	'06	'07
累計台数	19	50	86	133	196	285	367	482	591	688	808	963	1,121	1,401	1,701

出所：関東自動車工業（株）資料。

が、そのまま東北自動車生産動向となるが、この生産のスタートは1993年にさかのぼる。その後順調に生産台数を伸ばし、2000年には10万台を突破し11万5000台を記録し、04年には15万台を突破し、05年には17万4000台を記録した。さらに2004年には第2ラインの建設に着手し1年の短期間で立上げを行い国際的な小型車生産の拠点へと発展した。こうして06年には小型車含め29万3000台規模、07年には「ヤリス／ベルタ」「オーリス」「ブレイド」の3車種に新型車をまじえて36万台生産を目標に増産計画を推進している（図表1）。生産車種のうち、「ベルタ」は高岡工場から生産移管した車種で、対米向け輸出車輛として増産が期待されているし、いま1種は「カローラ」などのコンパクト

カーで、それ以前に生産していた「レクサス」や「マークＸ」などは、「ベルタ」などとの交換で田原工場やトヨタ九州などに移管した。つまり、関東自動車岩手工場は、「カローラ」などの輸出小型車工場の位置づけが鮮明となっているしワールドカーである「カローラ」を生産することで、トヨタの海外生産支援を展開している[3]。

また部品に関しては、基幹部品については中部地域から、そしてオートマチック・トランスミッションは苫小牧のトヨタ自動車北海道から供給を受けるなどしているため06年度の部品現調率は42％にとどまっているが、今後はその引上げが課題となっている[4]。関東自動車は、2010年までに現調率を50％まで高めていく方針で、そのために他地域からのティア1企業の誘致やティア2企業の品質・コスト・物流面での改善やその質的向上の現場指導を展開、同時に県や市も後述するようにさまざまな施策を展開している。こうした努力の結果、関東自動車岩手工場は2006年度アメリカIQS（顧客満足度調査）でプラチナ賞を受賞するなど海外から高い評価を受けるにいたっている[5]。

2 産業集積の現状

（1）東北地域で進む部品企業の集積

関東自動車工業岩手工場の生産拡大を受けて、東北地域での自動車部品産業の集積も進みつつある。東北地域での自動車産業の事業所数と出荷額の推移を見てみよう（図表2）。事業所数は1985年以降増加を続け、1995年に453社でピークを迎え、その後は

図表2　輸送用機械関連事業所数および同製造品出荷額等の動き

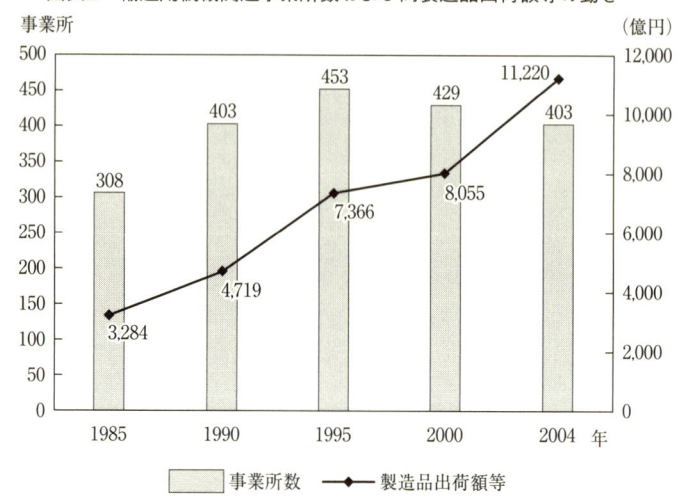

年	事業所数	製造品出荷額等（億円）
1985	308	3,284
1990	403	4,719
1995	453	7,366
2000	429	8,055
2004	403	11,220

出所：岩手経済研究所「県内自動車関連産業の動向について」
（『岩手経済研究』2006年8月号）。

緩やかな漸減を続けている。それとは対照的に自動車関連の出荷額は1985年以降一貫して伸び続け、2004年には1兆1220億円を記録している。このことは、東北地域での自動車生産の拡大に対応した部品供給は、既存部品企業の増産に依存し、新規参入は必ずしも積極的ではないことを物語っている。むろんこの表には、現在は自動車関連産業に所属してはいないが、自動車部品産業への参入を準備中という企業は含まれない。したがって、参入に数年かかるといわれる部品産業予備軍を含めれば、実際に関連する部品企業数は、これよりもはるかに多いことが予想される。しかし例えそれらの企業数を含めたにしても、この間、部品企業数が大幅に増加したと想定することはできない。

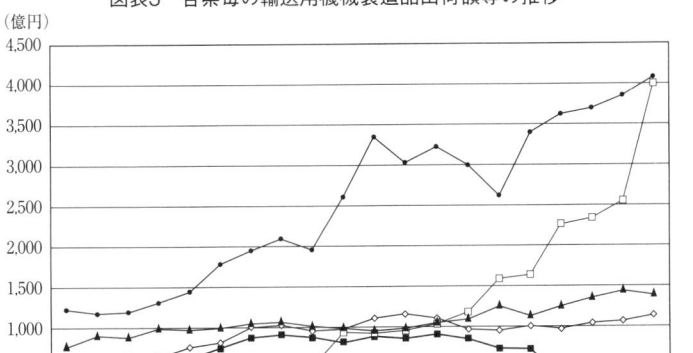

図表3　各県毎の輸送用機械製造品出荷額等の推移

(億円)

凡例：◆青森県　□岩手県　▲宮城県　■秋田県　◇山形県　●福島県

出所：ほくとう総研作成資料による。

次に東北地域を県別に分けてその出荷額を見たのが図表3である。これをみると東北6県では、福島県が出荷額で第1位の地位を保持してきたが、2004年に急速に追い上げてきた岩手県にキャッチアップされ出荷額4000億円で並ぶという変化が生れてきていることがわかる。この2県を除くと、1500億円以下のラインで宮城、山形、秋田、青森の順で各県が、漸減、漸増を含んで一団となって出荷増加に取り組んでいるのである。

次にこれを1995年と2004年の2年間で比較して図示してみよう（図表4参照）。大きな変化が生じているのは、やはり岩手県である。他の諸県は、福島県がすでに大幅な出荷額を記録していて高出荷額のレベルで変化が少ないことを除けば、青森、秋田、山形、宮城の各県は、低出荷額のレベルでさほど大きな変化が生じ

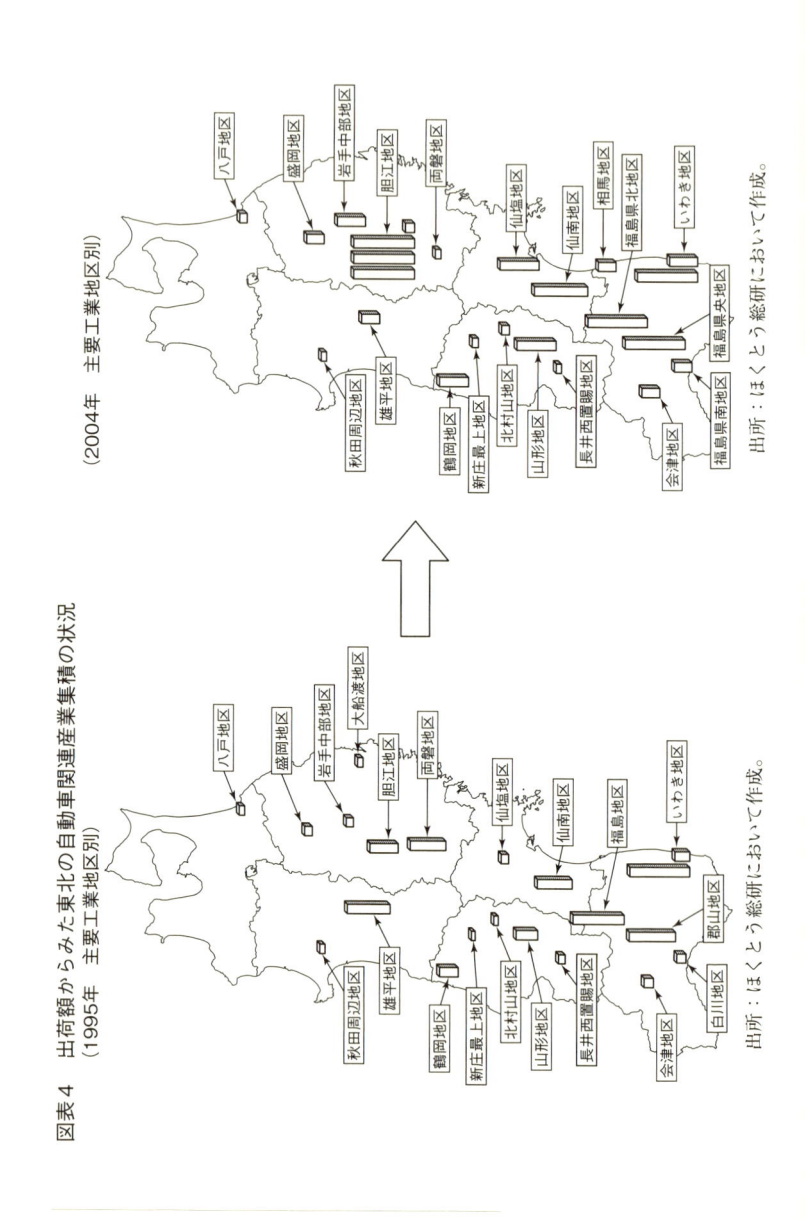

図表4　出荷額からみた東北の自動車関連産業集積の状況
（1995年　主要工業地区別）

出所：ほくとう総研において作成。

（2004年　主要工業地区別）

出所：ほくとう総研において作成。

図表5　東北地域における産業集積のイメージ

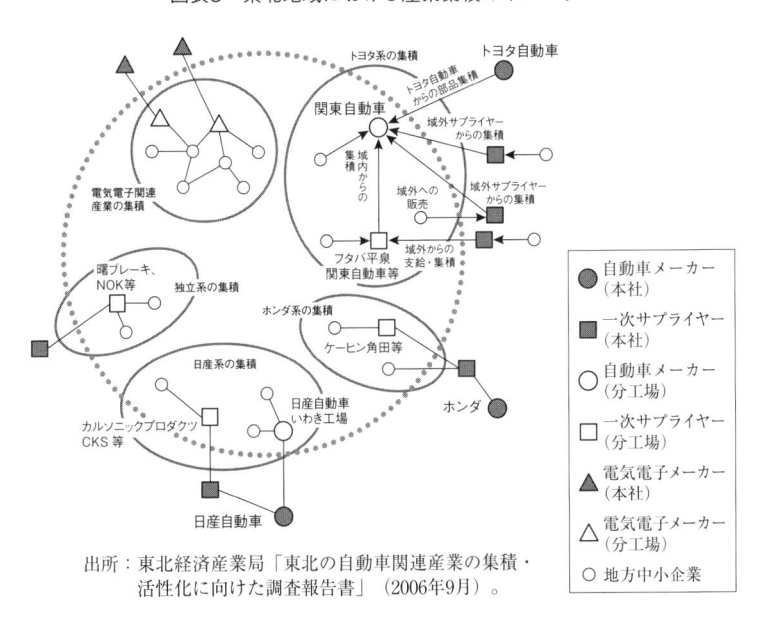

出所：東北経済産業局「東北の自動車関連産業の集積・活性化に向けた調査報告書」（2006年9月）。

ていないことがわかる。1県だけ、この間急速な自動車関連の拡大を示したのは岩手県である。岩手県のなかでも1992年にアイシン東北が進出、翌年東北唯一の完成車メーカー関東自動車岩手工場が操業した岩手県金ヶ崎町を含む水沢、江刺市からなる胆江地区の伸びが著しい。

ではどんな企業が東北に分布しているのかを見たのが図表5である。岩手県には関東自動車岩手工場を頂点にアイシン東北、フタバ平泉、関東シートに代表されるトヨタ系列の部品企業が、山形県には増田製作所やキリュウといった本田技研系の部品企業や曙ブレーキ、NOK関係の独立系企業が、宮城県にはトヨタ自

図表6 現地調達の状況

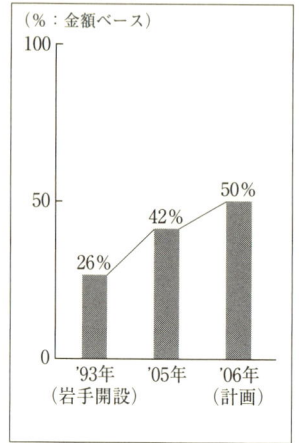

《現地調達推移》 (％：金額ベース)
- '93年（岩手開設）: 26%
- '05年: 42%
- '06年（計画）: 50%

《現地調達の展開状況》

（花巻市）林テレンプ

（北上市）ケーアイケー／関東シート／岩手セキソー／河西工業

アルミホイール／トランスミッション — トヨタ自動車北海道

（金ヶ崎町・サテライトショップ）豊田合成／豊和繊維／TB岩手／関東シート／アイシン東北／中部工業

関東自動車工業㈱ 岩手工場

（平泉町）フタバ平泉

（東山町）タケヒロ開発

Fr／Rrアクスル — トヨタ東北

（一関市）三光化成／ケイエムアクト

最近の企業進出・協業
① 企業進出
- エフティーエス
- 岩手セキソー
- 河西工業

② 現地企業との協業
- 関東化成
- 小島プレス
- 堀江金属
- 豊鉄、三五、協豊、太平洋

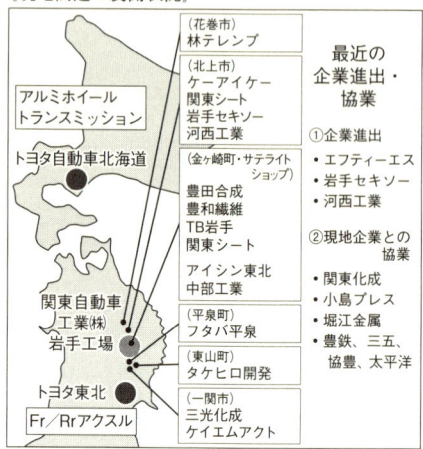

出所：関東自動車工業（株）資料。

動車東北などのトヨタ系の企業やケーヒンなどの本田技研系の部品メーカーが、そして福島県には日産自動車いわき工場やカルソニックカンセイ関連工場が集中している。秋田、青森県は、電気電子関連が中心で、これから自動車部品産業にどう参入するかが課題となっている。

（2）低い現地調達率

　すでに見たように東北唯一の完成車メーカーである関東自動車岩手工場の生産台数の増加を受けてこの地域での部品生産は増加の一途をたどっている。しかし現地調達率は、必ずしも高いものではない。金額ベースで見た現地調達率の推移を見たのが図表6だが、スタート当初の93年の26％と比較すれば05年には42％

へと上昇した。工場の敷地内には「サテライト・ショップ」が設立され、そこにはシート関連の関東シート、フェンダーライナーのトヨタ紡織、天井などを受け持つ豊和繊維製作所、ゴム関連の豊田合成などが入居して部品供給を担当し、これ以外に北上市にはケーアイケー、関東シート、岩手セキソー、河西工業などが進出し、花巻市の林テレンプ、平泉市のフタバ平泉、一関市の三光化成、ケイエムアクトが部品供給を担当するかたちで部品供給体制が構築されている。また県外ではアクスル供給を担当する宮城県のトヨタ自動車東北、アルミホイール、トランスミッション供給を担当する北海道のトヨタ自動車北海道があり、さらには機能部品であるエンジン系統の部品は、船便や鉄道貨物便で愛知方面や関東方面から供給されている。東北地域に限定すれば、プレス、鋳鍛造といった重量物に関してはこの地域への企業進出の結果、現地調達率の高まりが見られたが、小型・軽量・高付加価値部品に関しては、未だに関東、愛知からの一括購買、一括供給の結果、東北地域での現地調達率はゼロに近い。しかし現地調達率は重量物を中心に小型車生産が関東自動車岩手工場に生産移管される06年度までには50％にまで引き上げることが目指されている。しかしすでに50％に達した北部九州や80％に達した中部・関東地域、70％に接近しつつある近畿・中国地域と比較するとその較差は大きく、そこに追いつくには以下述べるいくつもの課題を残しているといえる。

3 東北地域が抱える問題点

(1) 開発機能の欠如

　関東自動車岩手工場が開発機能を持たないことが、この地域の部品企業にとって大きな弱点となっている。周知のように自動車の新規車種立上げに当たっては、設計開発は、カーメーカーと部品メーカーの共同開発のかたちをとって行われる。いわゆるデザイン・イン体制である。この段階で、どの部品メーカーが何を担当するかを含めた生産のシステム体系は決定される。部品メーカーが、カーメーカーの開発部隊の存在する近くにオフィスを構え、その情報を収集し、要請に応じてゲスト・エンジニアーをカーメーカーに派遣する所以である。こと関東自動車岩手工場に関して言えば、岩手工場には開発部隊は存在しない。神奈川県の関東自動車本社の開発部隊の指示を受けて生産を担当するのが、岩手工場の任務である。したがって、岩手県近隣の部品メーカーが参入するには、新車種情報を敏感に収集把握し、そのタイミングを見て、ティア１メーカーへの受注売込みのセールス活動を展開すると同時に、コストダウンに向けた具体的提案活動がなされなければならない。この点で東北に開発部隊が存在せず、関東・中部にそれがある空間的な距離感が生む不利益性が大きなハンディとして東北地域の自動車部品メーカーの前に横たわっている。

(2) 情報の欠如

　したがって新車種情報は、東北地域の地場企業が自動車産業に

参入する際、決定的に重要な意味をもっている。いつ、どんなかたちの新車の設計立上げが計画され、どんな部品の供給が必要とされているか、など参入に不可欠な情報を加速的速やかに入手することが必須となる。そのためには、地場企業は東北に進出したティア1企業を回ってセールスをする傍ら、その都度必要な情報を収集することが重要となるし、したがって優秀なセールス部隊を擁することが参入の前提となる。東北の地場企業は、1950年代からの時計産業、70年代からの電機電子産業の集積基盤を前提に優秀な技術力を持った企業が少なくない。しかし、自動車産業に参入するのは、そうした技術力のほかに的確な新車開発情報の把握が必要となる。商談会への積極的な参加や県の機関を活用した情報の収集などが求められる所以である。

(3) 技術力の向上

しかし最も重要な課題は技術力の向上であろう。カーメーカー各社は自社ブランドの向上・強化に向けた厳しい競争を展開しており、ティア1メーカーもまたカーメーカーとの共同開発で新技術の開発を行う一方で、モジュール化やユニット化で技術革新を行い、ティア2の地場メーカーへの技術指導を実施している。こうしたなかでティア2以下の地場企業も、自社のレベルに応じた技術の高度化や新技術の開発、コストダウンに向けた新工法の模索、品質管理の能力向上に向けた努力が不可欠となる。東北のティア2の部品メーカーのなかには後述するようないくつかのオンリーワン技術を有する企業もないわけではないが、多くの企業はいまだにそうしたレベルに至っていないケースが多い。アルミ

ニウムに加えてマグネシュムなどの多様な素材を扱う技術分野への進出や３次元測定器の導入による検査機能の拡充や３次元加工分野への進出など、技術力向上に向けた努力課題は数多い。こうした１つ１つの課題の達成を通じた地道な努力が地域全体の技術力のアップを生み出すのである。

■２　東北産業集積に向けた地域行政の動き

１　「とうほく自動車産業集積連携会議」の発足

　関東自動車岩手工場の生産増強に応じて東北を自動車部品産業の供給基地とするため2005年７月に岩手、宮城両県が自動車関連産業を核とする地域産業発展に向けた連携で一致し、同年11月これに山形県が加わり３県が連携して広域的な取組みを展開する合意が成立した。これを実現するために３県にそれぞれ自動車関連産業集積促進協議会が発足し、これを母体に３県連携組織「とうほく自動車産業集積連携会議」がスタートしたのは06年７月のことであった。同連携会議は商談会の開催、地場産業の自動車産業参入支援、研修機会の拡大、情報の共有、公的試験研究機関の連携などを内容に東北地域での相互支援活動を展開している。なお、同連携会議は、当初は岩手、宮城、山形の３県でスタートしたが、06年９月には青森県が、11月には秋田県が、そして07年２月には福島県が、それぞれ各県協議会を立上げ、全体として東北６県の連携会議へと成長してきている。そして2007年１月

東北 6 県は合同で「新技術・新工法展示商談会」を開催し、さらには 07 年 2 月にはこの 6 県に仙台市、東北経済産業局などが参加した「東北地域投資促進セミナー 2007」が名古屋で開催されるなど、各種イベント情報の交流が展開されている。

2　東北各県の取り組み

　東北各県は、以下のような自動車関連新興施策を展開した。地場企業の取引拡大・新規参入に関しては各県共にそれぞれ①情報提供の研究会、②マッチングのための商談会、生産技術高度化のためのアドバイザー制度による現場指導の強化、各種研修など、③自動車関連産業促進のための各種事業奨励、④専門教育プログラム、技術者派遣、MOT 講座など一連の人材育成プログラムが、そして技術開発に関しては「東北大学サイエンスパーク構想」に象徴される産学官連携による各種高度技術の開発が立案、実施されている。また企業誘致に関しては、①自動車関連企業の立地促進のための各種優遇制度の準備、②企業説明会の開催などが、産業基盤整備としては、各県共に①道路整備、港湾整備、鉄道輸送網の整備といったインフラの強化が急がれている。しかし各県の取組みと同時に東北地区の特徴は、前述した東北各県をつなぐ研究会や公設試験研究機関の連携を通じた広域連携の推進と具体化であろう。推進主体としては①「いわて自動車関連産業集積促進協議会」には 179 企業・団体が、②「みやぎ自動車産業進行協議会」には 182 企業・団体が、そして③「山形県自動車産業振興会議」には 125 企業・団体が参加しているのである。

■3　東北各県企業の取組み

　では、こうした行政側の動きに対して東北各県企業はどのような動きを見せているのだろうか。東北企業を見ると、①すでに参入に成功して、その後需要の増加に照応してその生産量を増加させた場合と②他業種を主力として、今後自動車部品部門に参入しようとして成功した企業とがある。

1　生産増強の動き

　この間の東北地域の部品企業の特徴が企業数の増加ではなく、既進出企業の生産増強にあることはすでに指摘した。既参入企業中の多くは関東自動車岩手工場の増産にともないその生産量の拡大を進めている。

　供給量を増加させたのは、関東自動車岩手工場の設立そして増産にともない随伴進出したティア1企業が大半である。これらは本社がすでにトヨタや関東自動車と深い関係を有しており、その延長線で部品納入を前提に東北へ立地してきた企業群である。A社はエンジン制御装置を生産しており1992年に岩手県金ヶ崎の工業団地に進出した。100％トヨタ系の車体部品メーカーの本社出資の完全子会社である。当初はエンジン制御装置中心だったが、次第に関東自動車岩手工場向けのボディ部品の比率が上昇し03年から04年にかけてはボディ部品の売上がエンジン制御関係を上回った。しかし04年以降は関東自動車岩手工場向け「ベルタ」

のドア部品の受注が減少し、再度エンジン制御装置の売上比率が上昇している[6]。これとほぼ同じ性格を有するのがB社で、東北への進出は1997年とA社より5年ほど遅れたが、100％トヨタの子会社で、同社もトヨタの東北進出を前提に随伴立地した点ではA社と共通している。B社は第一工場ではABS、アクスル（自動車の重量を支えたり走行中の路面からの衝撃を吸収したりする重要保安部品）など第二工場ではトルクコンバーターなどを手がけている。主力は関東自動車岩手工場向けのアクスル生産で、当初は高級車「ウィンダム」などのアクスル生産をしていたが、車種変更にともない、新たなラインを加えるなどして対応している[7]。

　トヨタはバブル経済是好調の1990年代初頭東北進出を検討してきたが、バブル経済が崩壊し、その後の景気低迷のなかで、懸案の東北進出は延期されてきた。したがって、操業当初のA、B両社はいずれも独自の販路拡大を必要としたわけで、A社は当初ドアフレーム、エンジン部品など多様な製品を生産してきたが、やがてエンジン制御部品一本に絞った生産に変えて関東自動車に製品の納入をしているし、B社も関東自動車岩手工場にはアクスルの全量供給を行っている。

　両企業ともに現地調達率は著しく低く全量中部地域から供給を受けて組付けている。関東自動車へのティア1企業という点では共通しているが、コストダウンのためにも地場企業の積極的参入を強く希望している点でも共通している。しかしこうした課題に応えられうる企業が地場に少なく現地調達比率の向上が今後の課題となっていることも事実である。

2　参入への取組みの事例

以下では、自動車部品産業への参入を試みた東北地区の企業の活動を紹介してみることとする。その内容は①共同化、②産学連携、③意識改革である。

（1）　共同化

共同化で参入を成功させた事例としてC社のケースが上げられる。資本金3000万円、売上は8000万円、従業員は170人で、中小企業のなかでも小企業の範疇に属する。生産品は、樹脂成型を中心にした車両用のシート用プレス部品である。C社は東北経済産業局や岩手県の支援を受けて、他の同業3社とともに「プラ21」を結成し、展示商談会などで技術力を宣伝し、大型成型機の導入などにより、関東自動車岩手工場のサテライト工場向けのシート関連部品の受注に成功した。同業者の場合共同受注には技術情報開示など困難な問題も少なくないが、経営者が自動車産業参入に強い意思を持ったことや、3社の得意先が重なっていなかったこと、3社を結び付ける優れたコーディネーターが存在していたこと、などが重なって参入を果たすことができた。共同化でシナジー効果を生み、競争力を高めて自動車部品産業に参入するには、共同化する相互の企業が競争関係ではなく補完関係にあり、したがって顧客が競合せず、共同化で力が倍加することが重要である。[8]

（2）産学連携

 D社の資本金は4000万円で売上は約8000万円。従業員は約200人。金属の表面処理の専門企業である。1959年防錆メッキ、亜鉛メッキを手がけたことから事業は開始されたが、75年頃から機能メッキを中心とする業務に転換し、岩手大学と連携して新表面処理方法の研究を開始している。この結果D社は硫黄有機化合物トリアジンチオールの薄膜を金属表面に形成することで接着剤をいっさい使用せずに金属と樹脂を直接結合させる特許技術の開発に成功、その後射出成型企業と組んでホンダの燃料電池車向けの部品供給に参入することができた。つまり燃料電池車の中核とも言うべき「キャパシタ」の電極と本体をトリアジンチオールで表面処理し、樹脂と結合することで部品を絶縁しつつ接着させることに成功したのである。この「キャパシタ」は、発進や加速時には放電し、減速時には蓄電する機能を有し、電解液を容器につめ、電極でフタをした構造で、アルミ製の本体カバーと電極部分はプラスチック樹脂で絶縁する必要がある。この絶縁接着のためにトリアジンチオールの表面加工技術が不可欠となったのである。D社はこの技術を開発しホンダ傘下の部品企業に参入することで、操業開始当初20名に満たなかった従業員は、現在200人を超えるまでにいたっている(9)。

（3）意識改革

 意識改革を積極的に進めることを提唱して参入を果たしたのがE社である。資本金は3億円で売上は15億円。従業員は現在

150人。東北地域のダイキャスト需要に応ずるために帝産ダイキャスト工業の支援を受け1981年に独立したE社は、主にホンダ系ケーヒンのマグネシューム、アルミニュームダイキャスト試験部品の生産に参入してきた。またE社は、1995年にメキシコのエルパソに工場を設立し、ここで生産したダイキャスト製品を北米ホンダ、北米日産、GM，フォードに供給しているという。この過程で、E社は新規参入を果たすに当たって、自動車産業に参入するには品質のノークレーム、タイムリーな納期、毎年のコストダウンに応える努力が必要なこと、そして参入には時間がかかり、提案活動が不可欠なこと、要求される品質をつくりあげるためには精度の高い検査機械や器具が整備されねばならないことを学習したという。一言で言えば、E社は経営者と従業員一体での「意識改革」を実践し参入に成功したのである[10]。

■4　東北部品企業の将来像

1　東北自動車部品輸出基地化

東北部品企業の将来を決定する条件として①完成車メーカーの東北進出の可能性が考えられる。現在は関東自動車岩手工場1社であるが、これに他の完成車メーカーの進出が続けば、随伴進出のティア1企業とあいまって東北部品産業に厚みを増すことは間違いない。②完成車メーカーの進出以外にエンジン工場の進出が地場経済にもたらす影響も無視できない。エンジン工場の進出は、

鋳造、鍛造、機械加工を含む地場の広範な企業の参入の可能性を生むわけで、そのぶん地場経済と企業活動に与える影響は計り知れぬものがある。

これと同時に将来像として考えられうる展望として、東北部品企業の輸出基地化が想定できる。現在隣国中国の自動車生産の上昇は目覚しいものがあるが、この生産・開発拠点と連携して部品供給を推進する道を模索することである。また現在はロシア自動車メーカーの工場はウラル以西に限られているが、シベリアに生産工場が設立される日が来ないとはいえない。これらの諸条件を加味して考えるなら、東北自動車部品産業を輸出産業として育てる可能性はないとはいえないのである。

2　中国の動き

さらにまたこの数年の中国での動きは、その可能性を加速化している。中国渤海地域を中心とした工業化の進展や内蒙古・北京・天津・山東半島各地を結ぶ高速道路網の具体化と工業団地の整備は明らかにこの地域の工業化の本格的展開の予兆だし、広東省の化学薬品メーカーで"立白"のブランド名で知られる大手洗剤メーカー広州立白企業集団の天津進出に象徴される中国企業の北進の動きは、それを読み込んだ上での中国人ビジネスマンの目ざとい行動の一端とも考えられる。また中国共産党中央委員会での幹部の動きを見ても今年度秋に開催される第17回共産党大会では、東北・渤海重視の人事が展開されることも想定される。さらには極東パイプライン敷設をめぐるロシアの極東重視の視点もこうし

た動きを加速化させる可能性も少なくはない。

　上記の動きを見越して考えるなら、東北自動車部品産業も東北を拠点とした本来の生産増強を模索する一方で、中国東北や渤海地域との連携を強化してそこへの部品供給基地としての道を模索する必要も出てきていよう。

■おわりに

　以上、東北地域の自動車・部品産業の現状と問題点、その克服の方向性と展望を述べた。現在自動車・部品産業の前に横たわる問題点は数多い。とりわけ地球環境保護の立場からの環境に優しい自動車の開発は、今後とも引き続きこの産業が解決せねばならぬ重要問題となり続けよう。しかし他方で、日本に目を転ずれば、地域産業振興の決め手として自動車・部品産業があり続けることもこれまた間違いない事実なのである。東北地域もその例外ではないだろう。この課題を追求するためには、地場産業の技術力を高め、自動車産業参入の柱であるQCD（品質・価格・納期）能力向上に努めることが最重要だが、さらに日本と中国の両東北地域連携の可能性を自動車・部品分野で追求することもいまひとつの課題であろう。

【謝辞】

　本稿執筆にあたっては、中小企業基盤整備機構東北支部の大泉健次氏および関係各位の皆さん、ほくとう総研の関係各位、宮城県、岩手県、

山形県の関係職員の皆さん、およびインタビューに協力して下さった関係企業の皆さんにたいへんお世話になった。記して感謝申し上げたい。

【注】
(1) 東北地域に関する研究としては日本政策投資銀行東北支店編『北上川中流地域における自動車産業の発展の可能性について』2005年、岩手経済研究所調査部「県内自動車関連産業の動向について」(『岩手経済研究』2006年8月号) 参照。
(2) 「日本経済新聞」2006年1月12日。
(3) 「日刊工業新聞」2005年7月8日。
(4) 同上紙、2007年2月22日。
(5) 関東自動車工業岩手工場に関する記述は筆者のインタビュー調査による (2006年9月27日)。
(6) A社に関する記述は筆者のインタビュー調査による (2006年11月2日)。
(7) B社に関する記述は筆者のインタビュー調査による (2006年11月29日)。
(8) C社に関する記述は筆者のインタビュー調査による (2006年9月27日)。
(9) D社に関する記述は筆者のインタビュー調査による (2006年11月30日)。
(10) E社に関する記述は筆者のインタビュー調査による (2006年11月30日)。

第**2**章

関東地区自動車・部品産業の集積と地域振興の課題

清　昫一郎

■はじめに

　関東地域は日本の自動車産業の発祥の地の一つであるばかりではなく、日本の近代化と戦後の日本経済の高度成長を支えた京浜工業地帯を軸とする製造業の一大拠点でもある。しかし1990年代以降、経済のグローバル化と国内での製造拠点再配置の中で関東地域製造業はややかげりを見せ、我々が注目する自動車産業でも事業所数、従業員数共にやや減退の傾向を見て取ることができる。本稿ではその現況を把握し、今後の発展の鍵を解明するために、以下の諸点について検討を行う。

　①関東地区自動車・同部品工業の形成と発展
　②自動車メーカーの購買政策の動向
　③グローバル時代に対応する部品メーカーの諸課題
　④グローバル化に対応する関東地区自動車部品メーカーの課題

■1　関東地区自動車・同部品工業の形成と発展

　関東地区は、上述したように日本自動車産業発祥の地の1つであり、戦前期には首都東京を中心とする軍需生産の拠点として、軍用トラックや航空機の生産を行い、また初期の乗用車開発が行われたほか、米国GM、フォードの自動車販売に関連する部品生産・販売・修理を担い、新産業形成への意欲あふれる開発の拠点としての歴史を持っている。これを担う主要な地域は、旧中島飛行機に関連する群馬県太田市、村山市、東京都日野市など、これに新規に栃木工場を開設し、開発・生産の主要拠点を形成した本田技研を含む北関東エリア、および日産自動車、いすゞ自動車、三菱重工などに関連する東京都南部、神奈川県に至る南関東地区の2つに大きく区分される。なおこれらの地域は隣接する静岡県との関連も深く、日産自動車は富士地区や栃木県にも拠点を置くほか、浜松から発祥した本田技研は四輪生産拠点のひとつを栃木工場に置いている。また三浦半島を拠点に展開して関東自動車は近年、生産を岩手と裾野に移転し、本社機能も東富士工場に集約しつつある。図表1に関東地区に展開される各メーカーの主要工場の一覧を掲げておこう。

　以上の自動車産業の展開に対応して、関東地区における自動車部品工業の地域的な形成とその発展も、上記の自動車産業の歴史を反映したものとなっている。日産自動車の歴史を反映した神奈川、静岡県東部を中心とした部品工業の発展、関東自動車を中心とした三浦半島における発展、いすゞ、三菱自動車を中心とし

図表1　関東地区の自動車工場の概要（4輪車関係）

	工場名	所在地	主要製品	操業開始	従業員数	投下資本
日産	横浜工場	神奈川県横浜市	エンジン、アクスル、触媒他	1935.4	3800	55691
	追浜工場	神奈川県横須賀市	マーチ、フェアレディ他	1961.1	4700	89437
	栃木工場	栃木県上三川町	エルグランデ、サファリ他	1968.10	6100	67068
ホンダ	狭山工場	埼玉県狭山市	アコード、レジェンド他	1964.5	5900	48430
	高根沢工場	栃木県高根沢町	NSX、インサイト	1990.5	1100	7545
	真岡工場	栃木県真岡市	エンジン部品、足回り部品	1970.12	1100	15278
いすゞ	川崎工場	神奈川県川崎市	バス他、【後に閉鎖】	1938.8	1039	30362
	栃木工場	栃木県大平町	アクスル部品、エンジン	1972.6	691	50181
	藤沢工場	神奈川県藤沢市	中小型トラック、SUV	1961.11	5167	170889
富士重工	群馬本工場	群馬県太田市	プレオ、サンバー	1960.10	3281	122212 (100万円)
	矢島工場	群馬県太田市	レガシィ、インプレッサ	1969.2	2754	
	太田北工場	群馬県太田市	足回り部品	1946.7	136	
	大泉工場	群馬県大泉町	ミッション、エンジン	1982.2	1611	
日野	日野工場	東京都日野市	トラック、バス、エンジン	1940.12	3887	32576
	羽村工場	東京都羽村市	トラック、小型車両	1963.10	2584	36467
	新田工場	群馬県新田市	鋳造・エンジン部品	1980.10	963	27220

出所：「自動車年鑑ハンドブック」2003－2004年版（日刊自動車新聞社他編）より

た東京南部、川崎、神奈川県内陸部での発展、旧中島飛行機に関連する富士重工（大田市）、プリンス自動車（村山市）、日野自動車（日野市）、および浜松から展開した本田技研を中心として東京都北部、埼玉県、群馬県、栃木県にかけて形成された部品工業群の

分布が見られる。

　以上の自動車産業、部品産業の展開を統計表によって確認してみよう。図表2、3は事業所・企業統計調査の都道府県別の事業所数、従業者数の推移である。図表2の事業所数については、戦前からのトラック生産やGM、フォードへの部品供給、あるいは補修用部品メーカーをも含めて、東京都が圧倒的な集積を見せていた。これに次いで神奈川県、埼玉県、やや遅れて群馬県への集積が進み、90年前後にピークを迎え、その後やや減少傾向を辿ることになる。これに対して栃木県が順調な増加を見せ、千葉県も事業所数は少ないが、近年は地価の安さもあって漸増傾向を辿っている。これらの動きは、それぞれの地域に展開する自動車メーカーの経営動向に大きく左右されるが、特に減少傾向の顕著な神奈川県では、日産自動車の停滞、いすゞ自動車の乗用車からの撤退、関東自動車の水沢、裾野への移転などの事情が重なっているものと思われる。

　関東地区自動車部品産業の従業者数の推移を図表3で都県別に見ると、最も集積が厚いのは神奈川県、次いで埼玉県であり、減衰したと言っても2004年時点でそれぞれ70,000人、55,000人近くの従業者数を擁している。また群馬県、栃木県の従業者数も横ばいを維持しており、堅調である。なお、関東地域ではないが、隣接する静岡県の自動車部品産業の集積は事業所数、従業者数共に巨大であり、しかも堅実に増加の傾向を示している。これはスズキ自動車、本田技研、ヤマハ発動機、日産自動車などの拠点が配置され、またトヨタ自動車の影響も増大する中で、太平洋ベルト地帯の中間地点として伝統的に賃金水準も低いという条件にも

図表2　関東地区における自動車部品工業の発展（事業所数）

年	63	66	69	72	75	78	81	86	91	96	99	01	04
茨城県	84	140	240	267	397	500	675	737	608	601	556	515	494
栃木県	82	116	196	225	342	350	425	545	465	543	508	539	504
群馬県	362	511	617	700	836	940	958	1411	1664	1483	1348	1318	1228
埼玉県	365	688	967	1011	1239	1276	1513	1880	2041	1897	1725	1729	1543
東京都	2090	2198	1832	1642	1777	1619	1811	1900	1831	1616	1392	1266	1108
神奈川県	504	718	1134	1048	932	1153	1136	1375	1586	1424	1306	1223	1159
千葉県	44	74	113	122	150	160	199	204	275	256	232	219	196
静岡県	643	689	1042	1259	1546	1888	2112	2525	2759	2611	2488	2545	2332
愛知県	1363	1780	2194	2288	2644	2324	2701	3040	3257	3315	3183	3362	3292

出所：事業所・企業統計調査報告（総務省統計局）

図表3　関東地区における自動車部品工業の発展（従業員数）

年	63	66	69	72	75	78	81	86	91	96	99	01	04
茨城県	2465	3462	5361	6127	7574	11096	13684	16434	13601	12145	11469	12000	12264
栃木県	3062	2990	5460	12455	17699	18063	22624	24480	27017	26864	25235	26556	27848
群馬県	13406	17110	21681	24698	27047	28701	31703	46171	53410	52748	52704	52764	47092
埼玉県	22805	30325	39746	42387	50102	47531	53320	65450	76769	63650	53989	57859	54500
東京都	66302	66459	56124	56768	55323	50905	56050	55341	55102	56974	40461	40770	38228
神奈川県	82572	81637	108385	10540	10423	104615	105497	108194	119616	96792	80651	72037	68400
千葉県	742	1747	3200	3288	3550	3929	4971	4791	6267	6175	5435	4683	4219
静岡県	25742	28028	41812	55397	555437	64349	74614	102738	106995	98196	97748	101095	103165
愛知県	75879	96573	126104	129928	157362	156973	171181	184732	218515	219935	201982	217679	230610

出所：事業所・企業統計調査報告（総務省統計局）

支えられたものと思われる。またもう一つ別の観点から言えば、東京都とそれに隣接する神奈川県、埼玉県での集積が減退していることから、土地価格の高騰や労働者の確保難などの都市化の現象がその背景にあると考えることも出来る。

■2　自動車メーカーの購買政策の動向

　関東地区自動車部品産業の経営動向は、製品のカスタマーであ

る自動車メーカーの購買政策によって大きく左右される。そこで以下で、関東地区に大きな影響力を持っている主要自動車メーカーの購買政策を概観しておこう。

　日本自動車産業は1960年代半ば以降、高度成長の限界に突き当たるたびに国際競争力を強化し、輸出拡大によって急速な成長を遂げてきた。80年代前半期の巨大な貿易黒字の集積は対日批判を強め、85年のプラザ合意を契機として円高が進み、海外現地生産が急拡大すると共に、バブル経済への突入と国内市場の掘り起こしが進んだ。90年のバブル崩壊以降、円高の更新とこれに対抗する合理化・コストダウンが進み、いわゆる「悪魔の循環」の中で日本の自動車工業、部品産業の疲弊が進んだ。それは1995年の1ドル＝79円の超円高で頂点に達し、日本の自動車メーカーは輸出と国内生産体制への依存を根本的に改め、本格的対外進出と世界最適調達を軸としたグローバル戦略を展開することになる。

　1990年代前半期の徹底した合理化運動の成否は、その後の自動車産業・部品産業の命運を左右することになった。90年代前半に合理化運動で成果をあげ、部品メーカーにも利益を保証しながら自らの利益体質を回復したトヨタ、ホンダは、90年代後半期に着々と成果を積み重ね、2000年代に入って部品産業をも含めたグローバル企業としての歩みを着々と進めている。しかしこの時期に合理化運動で充分な成果を得られなかった日産自動車の経営には問題を生じ、結局2000年にはルノーの資本参加・経営参加を得て経営の建て直しに取り組むことになった。90年代前半期に折からのRVブームに乗って好調を続けた三菱自動車は合

理化が送れ、90年代後半には塗炭の苦しみの中でDCの資本参加を得て、経営再建に進むことになった。こうした中で日野自動車、関東自動車はトヨタグループの一員として着々と体制整備を進め、またGMと提携した富士重工、いすゞ自動車は、2000年代に入ってのGMの経営悪化に伴う株式放出の結果、最終的にはトヨタグループとして再出発するに至っている。

　以上の国内外の情勢変化の中で、日本自動車産業は2000年代に入って新しい局面に到達しつつある。世界自動車産業の中で、トヨタ、ホンダ、日産の3社は10％を超える高い利益率、強靭な収益体質を示しており、他の企業の3−4％から赤字に至る経営内容とは隔絶した高い水準を示し、「日本企業の一人勝ち」とも評される状況を作り出した。それは北米における日本自動車産業の好調、中国における躍進、欧州における着実な前進に支えられ、また日本における好調を受けてのことである。しかしその裏面では、強靭な収益体質を支えるサプライヤーの確立を目指す厳しい購買政策が展開され、部品業界の経営状況と経営方針、二次以下の関連中小企業の経営に対して大きな影響を与え、業界構造の変化を生み出している。この変化を見る上で、図表4に示す1990年代の主要自動車メーカーの経営内容とサプライヤー企業の経営実態推移は非常に興味深い。

　表にはバブル経済崩壊後の1990年代前半に、自動車メーカーの収益状況が一様に悪化し、部品メーカーのそれを下回るという前代未聞の状況が見られるが、これは自動車メーカーの経営悪化をすぐに部品価格に反映させることは難しいという現実を示している。上記3社のうち、トヨタとホンダは合理化運動の展開によっ

図表4　自動車メーカーと系列サプライヤーの経常利益率推移

	トヨタ	トヨタ系列	日産	日産系列	ホンダ	ホンダ系列
1993	2.6%	2.9%	0.1%	1.5%	0.9%	2.5%
1994	3.8%	4.0%	—	2.5%	1.2%	3.1%
1995	4.3%	4.4%	0.9%	2.6%	1.9%	3.1%
1996	6.8%	5.5%	2.2%	3.2%	5.9%	3.9%
1997	8.1%	4.7%	1.6%	2.4%	6.9%	4.7%
1998	7.7%	4.1%	0.4%	1.0%	8.8%	3.3%
1999	7.3%	4.8%	—	1.6%	6.9%	4.2%
2000	7.9%	5.7%	4.5%	2.5%	4.5%	6.1%
2001	9.3%	5.5%	6.6%	1.7%	6.8%	5.5%
2002	10.2%	5.9%	8.6%	2.9%	7.3%	6.1%
2003	10.2%	6.2%	6.6%	2.8%	9.4%	5.5%

出所：各種決算データによる。トヨタ系10社、日産系18社、ホンダ系4社の平均。
関東学院大学、青木克生氏作成

て95年までに収益状況を回復し、96年以降は部品メーカーの利益を保証しながら、自社の利益とそれ以上に高めることに成功している。しかし日産自動車については経営内容の改善は90年代後半まで回復することができず、ついに2000年に至ってルノーの金融支援を受け、資本提携を行ってルノーの傘下に入るという結果に行き着くことになる。この状況を背景としながら、以下に関東地区有力企業の購買政策の概要を㈱フォーインの資料によって示しておこう。

【日産自動車】

日産自動車は、2000年にルノーの参加に入って依頼、NRP（Nissan Revival Plan）を展開し、3年間に20％というコストダウンと推進、村山、座間など5工場の閉鎖を始め、大幅な人員削減

などの合理化を進め、2003年までに2兆1千億円という巨額の赤字を完済することに成功した。NRPの前倒し完了ののち、継続する合理化案である日産180が推進された。以上の合理化運動の中で旧来の系列関係が全面的に見直され、伝統的であった日産と日本鋼管の関係も見直されるなど、保有株式の売却と系列関係の解体が進んだ。近年の合理化運動を見ると、2005年－2007年度の3年間に、調達コストを12％削減し、累計総額6700億円の節約を図る方針である。ここではコスト、品質面での競争力の高い国々（LCCs=Leading Competitive Countries）からの部品・サービス・設備などの調達を拡大し、調達額の15％をLCCs諸国からの調達に切り替える方針。2007年にはタイ、インドネシアで部品輸出拠点を稼動させる予定であり、ASEAN域内のほか、メキシコや日本、米国、南アフリカなどへ輸出する方針。ルノーとの共通サプライヤー数を2010年までに20％削減し、1社あたりの発注量を拡大して0.5％の購買コスト低減につなげる。ルノーとの共同購買は、2006年度から樹脂を対象に加え、共同購買比率が72％に達した。2006年9月に日産とルノーが開いたアライアンスの会合では、共通プラットフォームを大型車に拡大すること、共通化可能なエンジンや変速機の種類を増やすことで、5年間に約5億ドル（550億円）のコスト削減効果を見込む。

【ホンダ技研工業】

本田技研は90年代に他社と同様に徹底したコスト低減に取り組んできた。2000年からは品質改善とコスト削減を目指す中期計画を展開、モジュール化の推進などを取り上げてきた。近年で

は新型車導入を契機に、20％の原価低減を図ることが目標とされ、2005年度から引き続き改善活動「アクション1・2・3」を展開し、コスト競争力強化を阻害する要因を、量産段階から吸い上げて蓄積し、そのノウハウを新機種の開発時に即座に活かせる体制作りを進める。ホンダはグローバル開発・生産体制の展開に総力を挙げており、中でも北米における開発の現地化、中国における現地調達率の改善をとりわけ重視し、サプライヤー企業にも品質を死守した上で、現地開発体制の確立、現地調達率拡大のための現地素材・現地設備機械の購買を進め、また現地生産品の購買拡大を目指している。

【富士重工業】

2007年度からの新中期経営計画で、新規開発者で原価30％低減を目指している。2005－2006年度のTSRでは1台当たり10万円のコスト削減、経費・開発30％削減、量産車の直材費16％削減などの数値目標を提示したほか、15の重点品目（シートや空調関連）などについて2004年度比で20％のコスト削減を目指している。2007年度からの新中期経営計画では、2009年までに投入予定の新商品を対象に、部品の設計から生産・物流までを開発初期段階からサプライヤーとの共同で取り組むデザインインを強化する方針。

【いすゞ自動車】

新製品（時期中・小型トラック）の投入を期に、製品コストを20％削減。2006年秋に生産開始した中型トラックと小型トラッ

クの統合モデルについて、部品の共通化を進め、使用する部品の種類を従来モデル比で4割削減する。開発部門と購買部門が一体となって、コモディティーチームを設置、同チームがティア1サプライヤーを訪問して部品共通化の可能性を探る。

【日野自動車】

長期的な取り組みとして2006年度からモジュール方式の新型車開発を開始する方針。エンジン、トランスミッション、アクスル、サスペンション、ブレーキなどをシステムとして複数の使用で開発し、これらのシステムのモジュールを組み合わせることで、世界各国のニーズに適合させる。トヨタグループ内での部品の共通化をデザイン段階から取り入れた開発を拡大する方針。2006年3月に発表した小型バスボディでは、ヘッドライトにダイハツムーブと共通化を図ったほか、リアランプには大型バス・セレガのリアランプを用いるなどの合理化を図っている。

■3 グローバル時代に対応する部品メーカーの諸課題

以上の情勢の中で、関東地区自動車・同部品産業は近年、さまざまな課題に対応して変化を強いられてきた。グローバル化のもとでの海外進出、国内企業間の競争の激化、国内への外資の参入に伴う購買政策の変化、コスト低減要請のもとでの業界構造変化などである。以下、これらについて述べておこう。

1 日本自動車産業のグローバル化を支えるサプライヤーの海外展開

　自動車産業の海外展開は、1980年代半ばの日産自動車、本田技研の北米への進出を皮切りに、いすゞ・富士重工、三菱自動車など、関東地区の乗用車メーカーはいずれも積極的な海外展開を図ることになった。また関東地区自動車メーカーと深い関係を持つトヨタ自動車を始め、マツダ、ダイハツ、スズキなどの各メーカーも次々に進出を決定、進出先はその後、80年代後半には欧州に広がり、90年代の外資との提携を経て、2000年代に入ると中国への本格進出が開始されるに至った。現在、日本自動車産業の海外生産は1000万台の水準に到達し、国内自動車生産台数の1000万台と加えて、2000万台に達し、世界自動車生産台数の約3分の1を支配する段階に到達している。関東地区の自動車メーカーも全てが海外拠点を持ち、積極的な活動を展開している。また将来の展望としては、一部の予測によれば2010年代半ばまでには海外生産がさらに1000万台増加するとの見通しがあり、海外展開への対応は自動車部品産業にとっても重要な課題となっている。

　自動車部品産業の海外進出もこれに対応してきわめて積極的であり、(社)日本自動車部品工業会の平成17年度海外事業概要調査によれば、生産事業1,425、販売事業271、技術供与494、その他(現地統括会社、研究開発会社など)135、合計で2,325拠点となっている。進出先地域は北米22%、中国21%、アセアン26%、その他アジア13%、欧州11%、その他7%となっている。進出先

国別では中国、米国が突出しており、次いでタイ、インドネシア、台湾、韓国となっている。進出企業の売上高総額を見ると、北米が2兆9235億を超え、圧倒的な規模となっており、次いでアジア1兆3443億円（うちアセアン7399億、中国3102億）、欧州8794億、その他の地域3157億、総合計5兆4630億円となっており、同工業会の平成16年度出荷動向調査での国内出荷総額15兆8918億円に対しても大きな値となっている。なお出荷動向を国内・海外に区分すると、国内出荷総額は13兆6572億、海外出荷総額は2兆5676億であり、海外出荷総額と海外生産額とを加えると海外での活動は8兆円（全体の40％）を超える規模となる。もちろん国内で自動車メーカー組み付け用に出荷される自動車部品の約40％程度は輸出車に組みつけられるから、日本自動車部品産業の約60％近くは海外市場に依存していると考えられる。

2 グローバル化に対応する部品メーカーの諸課題

(1) 海外拠点の設置

　関東地区の自動車部品メーカーは、自動車メーカーの海外展開に呼応して海外展開を図っているが、その進出先は日産系列ではテネシー、ケンタッキー、メキシコ、イギリス、台湾、中国広州地域が中心である。ホンダ系列ではオハイオ、インディアナ、イギリス、中国広州地域、スバル・いすゞ関連はオハイオなど、それぞれ自動車メーカーの進出先に隣接した展開を図っている。現状では自動車メーカーの海外拠点構築も中国での生産体制・販売システム確立にかかりきりの状況であるが、今後の課題としては

北米・中国の強化、インドを始め新規立地の拡大など、海外事業が拡大する可能性が大きい。自動車メーカーの海外展開に対応して海外進出を果たしている企業は、基本的には大手、中堅の部品メーカーであり、従業員規模で言えば数百人から1000人以上の、中小企業の枠を超えた企業である。中小規模企業の進出は、資本面でも人材面でも、また海外の情報取得という点でも困難であり、カスタマーのサポートなしには困難な状況である。

(2) 生産の現地化・現地調達率の引き上げ

進出企業が経営と生産の現地化、現地調達率の引き上げを求められるのは、現地政府や地方政府のローカルコンテンツ規制に対応するための不可避の課題であるが、近年ではそれ以上に車両の製造コスト低減を図る際に必須の要件である。特に近年、進出が集中している中国においては、中国政府のWTO加盟を契機として自動車販売価格の引き下げ競争が開始され、それに伴って部品価格の引き下げが大きな課題になっている。各自動車メーカーからの価格引下げ要求は、中国現地生産品で日本から輸出する部品価格の80％水準への引き下げを求めている。もちろん中国の労働賃金は安いからそれほど問題ではなく、実際には日本製の生産設備と原材料を現地に移転して生産を行う限り、コスト低減はきわめて難しい。従ってコスト低減の最大の課題は、如何にして中国製の生産設備を利用し、また中国製の原材料を使うか、という点に絞られる。進出日系企業はそのために以下の点で技術的・経営的問題の解決を迫られている。

① 中国製設備の購入

　中国製設備は日本製の同種設備に比べて圧倒的に安く、その利用が可能であれば、コストの最大部分を占める減価償却費を劇的に引き下げることができる。そのために現地企業では、一例を挙げれば、日本製の10分の1程度の価格で中国企業製機械を購入し、補強・改造・改善すべき諸点を指示して改造を行うなどの対応が行われている。価格は結果的には5分の1くらいになるが、あとは耐久性が問題で3年持つか、5年持つかは使ってみなければわからない、という状況である。このバリエーションとして、機械設備の重要部分のみ日本から持ち込むケース、中国の企業に指導して自社のスペックに合わせるケースなど、さまざまな工夫がなされている。

② 中国製素材・部品の購入

　中国製素材や部品の購入も、素材品質・部品品質面での安定供給が課題になる。素材に関しては鉄・非鉄・樹脂・ゴム・その他のあらゆる資材について検討が行われ、現行のままで使えるケース、日系企業側の使い方＝生産技術面での研究を行って対応するケース、現地企業を指導して品質・技術水準の引き上げを図るケースなどさまざまな取り組みが行われている。また中国現地メーカーを外注として使う場合、自社の内製部門では持っていない工程を外注するケースが多く、このような場合には日本国内で外注に出している加工工程を順次社内で研究して内製化し、その裏づけを持って中国を始め、海外生産での外注指導の力量を確保する方策も見受けられる。

(3) 開発の現地化

 こうして現地調達が進んでゆくと、次の段階として現地部品を使い、現地市場に適合する車種を販売するという現地開発が課題となる。海外生産の最も進んでいる北米地域においては、部品調達や生産の現地化はどのメーカーでも98％という水準で完了しており、現在の課題は「開発の現地化」に移行しつつある。自動車メーカーはいずれも1000人規模の開発拠点を北米に持ち、現地の市場動向に合わせて車両開発の現地化を急いでいる。その基本的な考え方は、最も時間がかかり、技術的にも難しいプラットフォーム開発は日本で行い、これをベースにして、全世界各地で市場ニーズに合わせて上屋の開発を現地で行おうとするものである。各自動車メーカーは、部品メーカーに対し、これに対応できるように現地開発の担当要員を置き、また必要な試験・研究設備の投資を求めている。これに対して自動車部品メーカー側は、外国企業への販売はもちろん、日系企業との関係でも開発機能を現地に持たざるを得ないという情勢については認識しているが、実際には日本国内でも充分ではない開発部門から、自動車メーカーの要求に対応して現地開発体制を整えることは容易ではない。

① 試験・研究設備の投資

 試験・研究設備の設置は現地で自動車メーカーとの共同開発を実施する場合には不可欠の要素である。この場合でも、基礎的な研究開発のための設備は日本本社の開発部門が海外での活動をバックアップすることは当然であるが、現地においてはカー

メーカーの試作に対応し、試作部品やその設計変更に伴うミニマムの試験研究設備を設置することが不可欠の要素となる。試験研究設備の価格は著しく高価で、高額の設備投資となるが、その稼働率は必ずしも保証されておらず、投資に向けて判断が求められるケースが多い。大手部品メーカーの中には、デトロイトにカーメーカーを上回る巨大で最新鋭の試験研究設備を設置しており、GM、フォードなどのメーカーに対しても試験研究設備利用の便を図っているケースもある。また設備の設置に伴って実験・評価を行う人員をも配置する必要があり、この面でもコスト負担が求められる。

② 開発人員の配置・育成

現地市場に適合する車種の開発、現地モデルの開発が次の課題である。日本で開発されたプラットフォームをベースとして上屋の開発が開発されると、関連するあらゆる部品が現地において開発される。設計図面作成の後、試作・実験・評価が行われ、他方で対応する生産設備の設計・製造が行われる。この場合、実験・評価と設備製造は既に現地において日本人エンジニアの指導の下、現地エンジニアの育成も始まっているが、設計開発そのものについては必要な人材が確保されているとは言いがたい。現地自動車メーカーの要請に対しては迅速な判断が求められ、これが可能な優秀な開発エンジニアを送ることが必要となり、人材の不足が大きな問題になっている。また現地でエンジニアを雇用して育成することも大きな課題となっている。このような問題を解決する上で、諸外国での開発エンジニア雇用が急拡大しつつある。一

例を挙げればある大手部品メーカーは、中国に8000人を擁する開発会社を立ち上げており、企業によっては海外での雇用人員数が多すぎて、最初から日本で雇用して世界に配置し、全体を指導すると言う考えを放棄しているケースも見られる。

③ 開発効率の引き上げ＝バーチャル開発、海外での開発人拡大

近年の自動車業界では、開発効率を引き上げるための「バーチャル開発」が課題となっている。これは3次元で開発を行い、またコンピュータ上で各種のシミュレーションを行って事前に可能な限りの問題を解決し、最終的には完成データを作り上げて、試作を一発でクリアーするという取り組みである。このような開発作業を進める上で、適切なソフトの開発や熟練した設計開発人員の確保が大きな課題である。

④ 開発支援ソフトの開発

また他方で、標準的な部品開発では、図面作成に必要な全ての情報を整備し、また開発過程で発生するさまざまな問題解決のノウハウを組み込んで、必要な仕様をインプットすれば直ちに熟成図面が完成すると言う「開発支援ソフト」の開発も進められている。これらの支援ソフトの利用は、標準的な部品設計の工数を著しく短縮することを通じて、余剰となった設計開発要員を新規の開発や新しいアイディアの適用などに振り向けて効率を上げることになる。また海外で利用すれば、海外現地開発の効率を上げ、さらに現地雇用の未熟な開発要員の開発効率を高めるとともに、彼らに対する教育ソフトとして利用できるという側面も持つ。

■4 グローバル化に対応する関東地区自動車部品メーカーの課題

　以上示すように、日本自動車部品産業の中核を構成する大手・中堅自動車部品メーカーの課題は、近年の自動車メーカーのグローバル化と国際競争の激化に対応して、低コスト・高品質の生産を実現し、全世界のカスタマーに供給する体制を確立すると共に、これを支えるグローバルな開発体制を確立し、他方でそれを支える企業としての実力を蓄えることが課題となっている。それは単なる企業競争力の強化と言う以上に、グローバル展開に備え、従来の系列・下請型部品メーカーの在り様から脱皮し、世界展開が可能なだけの能力を構築することを求められていると言って良い。それは関東地区のみならず、日本の自動車部品メーカーが等しく求められている課題でもある。同時にそれは、従来の業界構造を一新し、弱小企業の吸収合併、外国資本の参入、あるいは日本企業による外資の吸収合併という業界再編成をもたらし、他方でこの課題に対応できない中小部品メーカーのうち、特に小零細加工業者の存立を揺るがす変革をもたらしつつある。

1　自動車部品業界の再編成

　1990年代の後半以降、全世界でM&Aによる業界の再編が続いたが、関東地区では日産・ルノー、富士重工・GM、三菱・DCという提携関係が成立し、これに伴って部品業界の再編が進んだ。

特に日産自動車ではNRP（Nissan Revival Plan）によって部品メーカーの保有株式が大量に売却され、系列部品メーカーは日産系列から離れ、一部は外国資本の支配下に入ることになった。これらの部品サプライヤーでは日産圏への納入を主体としながらも、日産の生産量の停滞を背景にホンダあるいはトヨタ圏、さらには外国自動車メーカーへの納入が拡大するなどの取引関係の変化が見られることとなった。他方、後発自動車メーカーとして独自の系列サプライヤー群を育成してきた本田技研は、傘下の部品サプライヤーへの資本参加を強め、また集中合併や提携を強化する方向での再編を推進した。ここでは一方で日産系列を中心に自立化の方向が見られ、他方ではホンダ系列を中心に徹底したサポート体制の構築という、相反した傾向が見られる。

2　関東各県の自動車部品産業の構造変化
　　（従業員300人以下の中小企業を中心に）

　関東各県の自動車部品産業の基礎を形成する、従業員300人以下の中小企業層の構造とその変化を、事業所・企業統計調査に依拠して各都道府県別に概観してみよう。

　① 第1に特徴的に見られるのは、全ての都県で、従業員19人以下の小零細企業の事業所数が減少し、従業員数も減少していることである。ここでは自動車メーカーのコスト低減と品質向上、それに新技術の追求と言う激しい変動の中で、小零細企業の存立基盤が揺らぎ、結局は事業所の閉鎖に至るという深刻な構造変動

が見られる。

② 第2の特徴は、従業員300人以上の事業所数がやはり減少傾向を辿っていることであるが、これは上述した厳しい経営環境の中で企業間の再編成が行われたこと、また合理化による人員削減や事業所の統廃合などが進んだ結果と思われる。

③ この中間の20-299人の規模階層に関して言えば、栃木県に於いては従業者20人-299人の全ての規模階層で、群馬県、静岡県に於いては50人-299人層の規模階層で、事業所数の拡大が見られる。他方で東京都、埼玉県、神奈川県、千葉県では90年代以降、これらの規模階層でも事業所数が減少している。これには上述の自動車メーカーの業績が反映していると同時に、他面では都市圏における事業所存続の困難が反映している可能性も考えられる。

④ 以上の変動を含みながら、神奈川県、埼玉県、群馬県、栃木県の集積は依然として厚いものがあり、また静岡県についても同様である。ここには2000年代に入って製造業設備投資の中核を占めるに至った日本自動車産業では、依然として分厚い集積が基本的には維持されていることが明らかである。

3 「グローバル拠点」の形成と関東地域の振興の鍵

地域振興という観点から考えた場合の関東地域の特質は、日本

の他の地域との比較で言えば以下のようになる。まず北九州地域については、新興自動車生産地域であり、生産機能の新しい集積を形成しつつある。但し開発拠点・本社機能はない。自動車部品生産については一定の生産工場の移転は見られる。次いで、東北地域であるが、自動車メーカーの生産工場が一部移転されており、これを核に自動車・部品産業の発展を展望しているが、本社機能や開発拠点の移転は難しく、その発展は今後の課題である。中国・近畿地域についてはマツダ、三菱などの既存の集積があるが、マツダのフォードグループでの位置、三菱の今後の展開にかかっている。ダイハツは好調であり、トヨタグループとしての影響力を強める。愛知・東海地域については、トヨタ自動車を中核として、日本で最も分厚い自動車・同部品産業の集積を持つ。トヨタの開発、トヨタ系部品メーカーの世界一の開発集積、本社機能の集積を軸に、生産拠点としても相互の関連が強く、近年では三重、静岡など周辺地域への広がりも見られる。

以上と比較した関東地域の特質は以下の点にあるものと考えられる。歴史的に日本の自動車産業・部品産業の発祥の地であり、その歴史を受け継いで現在でも日産、ホンダ、富士、いすゞ、日野、日産ディーゼルなどの本社機能、開発拠点が配置され、愛知県と並ぶ集積を見せている。この中でホンダ技研の順調な発展が際立っているが、富士、いすゞがトヨタ自動車との連携を強めたことによって、日野自動車を含めて今後、関東地域でのトヨタの影響力が強まるものと思われる。もう1つの焦点は、ルノー・日産提携で一旦解消された旧日産系列が、日産本社の横浜移転、厚木テクニカルセンターへの設計・開発・試作・購買部門を集積の

上で、今後どのような体制再構築を図るかにあり、これらが関東地域振興における自動車産業の役割の重要な鍵となってくるものと思われる。

■おわりに

　以上を一言で言えば関東地域自動車部品産業の発展は、この地域の主要プレイヤーである本田技研工業、日産自動車、およびトヨタグループ（日野、富士、いすゞ）の今後の展開にかかっているということに尽きる。その場合に考慮しなければならない重要問題は、はたして日本の製造業が、如何にして現下の「日本企業の一人勝ち」を維持し、今後も製造業者として順調に発展できるか否かという点である。関東地域は世界有数の大都市圏である東京圏に組み込まれ、土地価格・労働賃金共に必ずしも製造業に適しているとはいえない側面を持っている。しかも90年代以降、中国・インドの参入によってグローバル・ベンチマークは際限のない低下傾向を辿っている。その結果、部品メーカー、関連中小企業には明らかに「疲弊」といってよい深刻な事態が広がっている。これをどのように立て直して真の展望を確立することができるのだろうか。関東地域の帰趨は今後の日本経済を占う試金石としての重要な位置を持っているものと言わざるを得ない。

第3章

東海地区自動車・部品産業の集積と地域振興の課題

竹野忠弘

■はじめに

本章では東海地区における自動車製造業を軸とした産業集積について分析しグローバル製造ネットワークと地場（ローカル）の蓄積技術との連携関係を軸とした新たな産業集積論を検討することにある。すなわちグローバル生産ネットワークの展開が事業機会を生み出す。こうした機会にローカルな産業集積要素、企業、人材および技術とがどのように連携しているのか地域の自動車部品企業の戦略を事例に検討した。そこでは地域産業振興政策等、政策の役割は地域産業主導するものというよりも自生的な地場企業・産業の動きを支援するものとなる。ちなみに自治体の役割はもとより国内の産業政策も東海地区に対しては「ものづくり」クラスターとして産業実勢を承認するものに留まる。

東海の産業集積構造は第1に地理的な資源賦存およびそれに基づく産業蓄積を基盤とした、「プロセス・イノベーション」主導型集積である。従来の産業クラスター政策は新産業創出指向型・

「プロダクト・イノベーション」主導であった(1)。これに対して新たな産業の育成よりも既存の各種製造業を引き込む競争力をもった地域である。自動車製造業も歴史的に変遷し多様に展開している数ある製造業・産業のひとつとして、こうした産業蓄積基盤の上に展開している。

第2には単に「プロセス」を担うだけの拠点ではなく供給総工程という生産体系の革新を現場から提案する能力をもっている点である。従来、自動車部品企業の集積は受動的下請け加工群として語られてきた。しかしながら東海地区における自動車部品加工サプライヤーは「もの」のある産業および改善提案という面で能動的自律的主体である。自動車部品関連企業は京浜地区・大田区に典型的に見られるような卓越した唯一の精密加工技術をもって高付加価値を稼ぐ企業ではない。しかしながら原価管理面では小ロットものを最適なQCDで安定的に供給できる唯一生産技術を保持している。その結果、多くの製造業の組み立て事業所が東海地区には集積することになっている。自動車製造業もこうした様々な製造業／「プロダクト」のひとつに過ぎない。ひとつの産業＝「プロダクト」に依拠するのではない。ひとつの広範な自前の「プロセス」の基盤の上に、「プロダクト・イノベーション」後のいくつもの製品を効率よく生産していく産業集積地となっている。

翻って地域振興にとって必要なのはビジョンを案出し外部的資金を投入して開発することでない。地元という現場に密着したリサーチが指し示す方向にそって内部資金でできる範囲の投資で蓄積を重ねていくことが肝要である。なお「無借金経営」は特定企

業の個性として語られがちである。しかしながらこうした自前留保資金による無借金体質は東海地区企業に共有されている性格である。「預金残高／貸出金額」比でみると東京圏が0.9倍で借り越し大阪圏が1.2倍であるのに対して名古屋圏は1.5倍である。内部留保が多い分だけ買収等の対象となりやすい。本業が堅調なだけにむしろ財務戦略が東海地区では重要課題である。

1 東海地区における自動車製造業

1 東海4県経済における自動車製造業のウエイト

(1) 雇用における貢献

東海4県各県の有効求人倍率(2004年平均。公共職業安定所取扱数)は愛知県1.40、静岡県1.04、岐阜県1.03、三重県1.16と全国平均0.83よりもいずれも高位である。特に愛知県では最近も常に求職者より求人数が多い売り手市場となっている[2]。

なお雇用者数構成でみると製造業の割合（2000年国勢調査）は愛知県27.5％、静岡県28.1％、岐阜県27.7％、三重県25.9％と概して25％－30％台である。関西地区が20％前後、関東地区は14％－20％である。

(2) 生産活動における貢献

県民総生産における製造業シェアは東海4県では大よそ3割弱となっている。

さらに製造業出荷額に占める自動車製造業の割合は愛知県では49.9%である。静岡県では29.4%であり二輪車製造が主流である。岐阜県では一般機械や電機の割合が多く自動車製造は12.4%ほどに留まる。また三重県では電子部品ならびに化学製品等が多いが、輸送用機器シェアが27.2%とトップである。

現在の東海地区の好調を支えているのは自動車製造業ではあるが、東海4県はそれ以外の製造業分野の蓄積も大きい。また愛知、静岡は農業生産性においても全国の2位、4位−6位（200）を占める。

2　自動車製造業の分布

東海地区における自動車製造業の集積地は、静岡県東部・富士、静岡県西部・浜松、静岡県西部・湖西、愛知県央・西三河、愛知県西端−岐阜県南端・美濃、三重県北部・鈴鹿といった地区である。いずれも自動車メーカーおよび二輪車メーカーの組立工場を軸に自動車部品企業が集積する形態となっている。

ところで東海地区ではこうした自動車製造業集積地が電機、工作機械、事務機器、家具、食品、石油化学などの他の主要製造業の集積地に隣接もしくはそれを混在させる形で連鎖上に集積している点を特徴とする。

すなわち先の自動車製造業集積地間に、静岡県西部・天竜−浜松には木工（楽器、神棚）・同加工機／機械加工、愛知県東部・東三河の豊橋−豊川には伝統的に農具・冶金／機械製造、愛知県西部尾張の名古屋には伝統的な各種工芸産業（漆器、家具、仏壇、

置物、節句人形等）ならびに事務機器等各種機器製造、食品、航空機関連、プラスチック・化学、機械加工、同瀬戸・多治見・常滑のセラミックス、電機機器製造、三重県四日市–桑名の石油材料・化学プラント、同伊賀–鈴鹿の電子部品（液晶素子）、同県下精密機械（自動販売機）・同取付金具、岐阜の工作機製造、陶磁器、さらに滋賀県湖北・湖東・湖央の電機機器製造という連鎖的な製造業集積がある[3]。

その結果、基盤となる部材加工産業の集積の上に多様な製造業が集積する形態をなしている。いわゆる「企業城下町」型の集積形態、特定製造業の組立拠点に依存して裾野を広げるように関連加工産業が集積する形態で形成されたものにはなっていない。

■2 地域振興と地元中小企業集積

1 地域振興政策の概要

（1）産業クラスター政策

産業「集積（クラスター）」とは、企業集積を示す概念である。「クラスター」とは、ぶどうの房状、「ブドウ状」、「だんご状」の集積を指す。マイケル・ポーターは、競合企業集積が特定の国民経済や地域への産業の誘致競争における貴重な競争力になると指摘した[4]。

1990年代の米国における「New Economy」という経済ブームの成功談・プロセス（Success Story）から抽出された起業過程

を産業育成政策に捉え返した。人・ソフトウェア技術者が集まると、相互の競争による活性化が生まれると共に、投資先が集まることになり投資家も集まる。集住が集住を生むことで起業投機的金融市場が形成され、それが起爆剤となって産業が活性化すると考える。

政府や自治体では、「Valley」を造成し技術者人材を特定の地域に集めることに地域産業振興策の重点が置かれる。子供の教育や家族生活環境の整備等が産業振興策として展開することになる。

M・ポーターの唱えた「クラスター（集積層）」論では、技術者や起業家が「集住」することを念頭に置く。それに伴い出資者も地域に集中する。技術事業化市場で「競争」が生じ発展の動因となる。技術間や事業間のシナジー効果も生ずる。「経営戦略」論における「創発的戦略」のレトリックである[5]。

「集住」集積地へ進出する企業にとっては、部材需給の連鎖を活用することによって部材購買ならび販売先を開拓するコストならびに同運送コストを切り下げることができる。さらに企業その技術者が地域に集積し情報が集積するようになる。かつてマーシャルは企業集積のメリットを「外部経済性」という概念で捉えた[6]。

クラスター政策の最優先的課題は、企業意欲旺盛な技術者人材を特定の地域に一地域に集めることになる。産業は既存の資源の「賦存」地や技術の「蓄積」地に展開するのではなく、人材が集積し投資資金が集積する場所に忽然と生ずるものと考えられる。

(2) 地域振興政策の変遷

20世紀後半の戦後の時期に取られた、日本における重化学工業化方式・工業団地方式による新産業育成構想とそのビジョンは以下の内容であった。[(7)]

「太平洋ベルト地帯構想」では「臨海部における重化学工業の推進」が図られた。日本における四大工業地帯を育成し重点的な工業化により戦後の工業化の基盤を築こうとするものであった。次いで、「テクノポリス構想」では、産業の地域分散・地方誘致が図られた。事前の時期における高度経済成長が一服し、公害や極度の都市部人口集中と地方の過疎化という社会的矛盾が意識されるようになった。四大工業地域集中の工業を分散によって是正しようというものであった。またドルショックやオイルショックにみまわれた1970年代、日本経済は高度経済成長型工業化から安定成長路線へと移行していき、新たな産業の起爆剤を模索した時期であった。地域単位で異業種交流会を図り、既存の集積技術の活性化を図る試みがなされた。現行の「産業クラスター政策」では、既存の産業の移植・発展よりも、新規に事業だけでなく企業自体をも創業して産業の創生を図ることに力点が置かれる。

(3) 日本の産業政策における地域振興の動因

「太平洋ベルト地帯構想」では重化学工業に、「テクノポリス情想」では加工・製造業に、政策の重点が置かれてきた。「産業クラスター政策」では、情報ソフトウェア産業はじめバイオテクノロジーやナノテクノロジーなど New Technology に重点が置

かれている。したがって、大学の研究室や院生・学生などが保有する技術・工学的知見が注目されている。こうした「学」のシーズを「産」業界で活用し新事業として創業する。それを支援する制度を「官」が整備するという形で、産学官連携を図る。

すなわち「学」の研究室の基礎研究を軸に実用に供するシーズが開発され、「TLO」を経て民間に公開されて事業化に向けて応用研究され（「インキュベーター事業」）、それが財務・マーケティングなど経営面でアドバイスを経て起業される（「ベンチャー企業育成」）という産学官連携の図式である。

構想の主体は、「太平洋ベルト地帯構想」では、国による全国規模の重化学工業化政策、「テクノポリス構想」では、地方自治体の産業誘致策にあったが、「産業クラスター政策」では、地域の産業界や大学の発意にある。なお「コーディネーター支援」策では、民間側の発意による異業種間グループづくりの取りまとめ企業を「コーディネーター」として主導者とする。政策は主導する立場から側面の支援者に転じている。

「テクノポリス構想」では工業技術を国内に分散させドルショックやオイルショック後の不況や安定成長期にあった日本経済に全国各所から動態を生じさせようというものであった。「太平洋ベルト構想」同様、発展の動因となる技術は海外か国内かの違いはあるが依然ローカル社会からみれば外発的なものであった。

これに対して「異業種交流」では地域内にある経営資源を地域内で融合させ「創発（互いの触発による事業アイデアの創造）」を促しローカル地域内部から発信しようとする。ローカル地域内の技術や人材などの経営資源を異なる事業部門で活用することによっ

て新たな「ビジネスモデル（付加価値を稼ぐ算段）」が生じることを期待する。

また、「起業家育成」でも、企業人や大学研究者などの個別の既存技術と地域の実用的な需要を核とした創業を図る。

「産業クラスター政策」では、このロジックをベースに、産業クラスター形成のプロセスを次のようにまとめている。すなわち、第1の'Networking'段階では、経営資源の担い手もしくは媒体である地域の経営者や大学研究者の人的交流を進める。第2の'Innovation'段階では、そこで形成された産学ならびに異業種グループを、「コンソーシアム」として補助事業として認定し、「コーディネーター（世話役）」企業を窓口として懇談を重ね新「ビジネスモデル」を考案する。最後に、第3の'Incubation'段階では、新「ビジネスモデル」を実業にするのに必要な工場・建物・設備などの「ハード面」と、技術情報・経営ノウハウ・補助施策等の「ソフト面」を「官」が支援しながら独り立ちをめざす[8]。ベンチャー志向型中小企業の活力に期待する政策手法である。

(4) 産業クラスター政策の問題点

「産業クラスター」論による政策は、賦存や蓄積に拘束されない「新」産業を外部から移入し創出する方策としては有用である。技術が基本的に設備財もしくは個別の人材に集約している産業である。供給工程の連鎖関係がローカル地域内に蓄積することを要しない産業である。例えば半導体部品製造業およびソフトウェア産業や関連支援サービス産業（例えばコースセンター業務）などの情報通信産業関連製造業や同サービス産業である[9]。

育成される新産業は、地域に固有の産業集積とは断絶している。地域の産業構造をドラスティックに転換させるには有用な見解であるにせよ、他面で「クラスター」育成の地理的・歴史的制約がないために、全国もしくは世界中のどの地域にも、同じ形の「産業クラスター」がいくつでも創設可能となる。「工業団地」は競合し過剰供給となっている。

　情報関連サービス産業[10]の立地は、グローバル規模で一極に集中しがちである。一方でコールセンター業務など情報処理関連のソフトウェア産業、関連支援サービス産業のアフターサービスでは情報の集積が大きく規模の経済性は巨大である。トラブルはソフトの種類、多言語で24時間発生し、かつユーザーの数だけ日々、天文学的な数、発生する。トラブルを分類し類似するトラブルについては共通の対処方法を適用し迅速に対応するという一種のシナジー効果を発揮するには、地球的な規模でトラブル事例と対応を集積し集中的に処理する必要がある。いくつものローカルなクラスターが並存するには馴染まない産業である。

　他方で半導体電子部品の設備規模は巨額であるが製品は微小もしくは微粉末である。物流コストは航空貨物によるとしても微小である。電力の安定・安価供給と設備メンテナンス技術者派遣の便・臨空が立地条件となる。

　「産業クラスター」プロジェクトの供給過剰とプロジェクトのホッピングが懸念される。すでに、米国・カリフォルニアのNew Economyを主導したNew Technologyクラスターからインドへの産業・雇用の流出が発生している[11]。

　新商品や新サービスが市場を見出すことも困難である。新「商

品」の場合、既存の消費体系との擦り合わせに時間がかかる。新商品の在る生活シーンを創出するなど消費体系そのものの改造までもが必要となる。

加えて人的・熟練技術蓄積に優位性のある地域に「産業クラスター論」を適用することは、その競争優位性を敢えて否定し産業基盤すらも突き崩すことになる。外部企業誘致においては、地場の企業集積について紹介すべきである。

2 新たな産業振興政策の視点

(1) グローカル連携・プロセス展開型技術戦略

マイケル・ポーターは産業クラスターという概念に先立って「バリュー・チェーン・マネジメント；VCM」という概念を個別企業や地域産業振興における戦略概念として提起した。ポーターは1985年の『競争優位の戦略』の中で産業を財やサービスを生産する工程の連鎖関係と捉えた。生産とは付加価値（value）を付け加える行為である。したがってこの生産・供給の総工程は「バリュー・チェーン（Value Chain；VC）」と表される。VCを構成する諸工程は特定の財やサービスに固有の商品価値を直接に付け加える活動と、それを支援する、産業に関わらず共通して必要な活動（たとえば物流、人事管理、渉外、財務）とからなる。事業活動とはポーターにおいてはこうしたVCに参加して商品の価値を向上させることに貢献することで見返りに「手間賃（margin）」を得る活動をさす[12]。個人家計、個別の企業およびローカル社会・国民国家などの経済主体はVCとの連携関係を「manage」する

こと（バリュー・チェーン・マネジメント、VCM）によって経済活動を展開する。したがって産業クラスターにおける集積企業や同人材および同技術の検討と同時にそれらの展開する VCM の評価が必要となる。

(2) 東海地区自動車部品企業の事業戦略の特徴

東海地区では自動車メーカーのグローバル生産戦略に対して設計変更やモジュール部品の提案など原価低減に関わる生産方法に関わる改善提案付きで納品する取引方式によって価値を創造しマージンを得る事業モデル、いわゆるバリュー・チェーン・マネジメントを自動車部品企業は展開している。

東京・大田区の機械加工企業は、一連の先端加工を連携させて逸品試作品加工を展開すること、および加工後の図面を通じて開発提案をすることに競争優位を置く。これに対して東海地区の売りは原価低減を提案できる生産・加工工程の「改善」能力にある。

メーカー・グローバル企業は販売力を背景に量産に優位性をもつ。ローカル産業集積地企業は集積特性を基盤とした、特定工程の小ロット・単品生産によるフレキシブル VCM 戦略を展開しグローバル生産ネットワークとのグローカル連携を展開する。改善提案型の部品企業群の集積は東海地区のグローカル連携の基盤である。

こうした基盤は本源的には東海地区内における農業余剰と天然資源集積という近代化・工業化開発の古典的な基盤に由来する。農業余剰に基づき各種工芸産業が展開してきた。自動車産業の展開も数ある組立産業のひとつとして展開したものに過ぎない。航

空機部品企業から自動車部品も手がけるようになった部品企業も後述のとおり多い。自動車産業が集積を作ったのではない。逆に従来からの蓄積の上に自動車が新たに展開しているのである。しかしながら今日、製造工程の立地はグローバル化している。こうした地理学的な制約からも自由になってきている。地理的な優位性に加えかつ労務コスト面の競争力の減退分を補うローカルな競争優位性がグローバル連携によるVCM展開には必要になっている。

　以下、東海地区の自動車部品企業における製造加工および生産管理に関する取り組みおよびその背景について検討する。自動車部品企業にとって市場需要構造の変化とは部品の調達構造の変化である。部品市場の規模的拡大への対応という点から「グローバル調達化への対応」、および部品調達構造の変化という質的変化への対応という点から「部品調達のモジュール化への対応」の2つの側面を軸に行った調査研究の結果をとりまとめた。

　東海地区においては政策や外部から技術移入よりも地場地域内部の産業実態が先行し基盤となってグローカルVCM戦略の展開を主導し、結果として地域振興が促されることになっている。

■3　東海地区自動車部品企業の経営戦略事例[13]

1　A社の事例

(1) 事業概要

A社は巻きバネ・板バネおよびワイヤーという鋼鉄製部品の製造企業である。売上構成（2005年3月末）はシャシー用バネ32.5％、精密バネ29.9％、ケーブル27.5％および建物用窓用製品6.9％となっている。バネおよびワイヤーの生産のため大正末に創業され戦後直後に株式会社として設立された。近年まで航空機用精密バネも手掛けてきた。

国内工場は愛知県内に4箇所が集中している。製品別に納入先の組立メーカー・部品メーカーの立地および製造技術難度に対応して、スタビライザー、板バネ、巻きバネ、ケーブルなど製品別に生産を分担している。

(2) グローバル戦略

海外の拠点は合衆国、中国、台湾およびタイ、インドネシア、インド、トルコにある（2005年11月および2006年1月に企業・工場訪問時点）。自動車産業においては消費地・国で組み立てるのが基本である。部品サプライヤーも顧客完成車メーカーの海外展開に対応して現地進出するのが通例である。しかしながら品質面で上流の材料の鋼鉄の品質が問題となる。また製品原価に占める材料費の割合が高く加工賃ならび設備費用といった付加価値部分は小

さい。総じて海外進出による労賃メリットが効きにくい。材料の現地調達ができない段階では材料を現地に持ち込んで生産するしかない。台湾やタイでは日本製以外の材料でなくても日本製と同様な品質水準になっている。欧州にはベルギーに営業拠点があるが製造拠点の展開はない。欧州の場合、材料は世界最大の鉄鋼メーカーもあり調達が十分可能であるが既に産業の蓄積がある。完成車メーカー・部品メーカーも特殊な設計の部品を別にすれば標準的なバネについては現地調達できる。サプライヤーは標準品の注文があって初めて規模の経済性が確保できる。特注の供給だけならば現地進出はペイしない。旧東欧地域やロシアが欧州ではこれからの地域だがA社の現行の資金規模や人材では「日本側スタッフによる現地人材育成・技術移転型の投資にとっては（筆者付記）」トルコの製造拠点進出までが現状では上限である。

　加えて海外生産の場合、為替変動の問題が大きい。部材の調達先を考量し納入国の価格を勘案しコツコツと改善を重ねて製造コストを管理していっても為替が変動すると一挙に状況が変わってしまう。製造技術経営戦略を考えるならば国内で相場を把握し材料の仕入れから製造、販売までが同じ通貨で行える環境がベターである。特にバネ製品のような製品および生産管理における技術形成に時間のかかる産業では安易に製造拠点の移動もできない。

　A社についてはグローバル戦略については海外直接投資による規模的な拡大よりも製品品質や製造工程の改善などによる国内拠点でグローバル競争力向上を図ることに重点が置かれているといえよう。すなわち燃費向上に寄与する部品の軽量化、安全性向上や乗り心地向上などを図るための製品構造の改善および完成車の

原価改善に寄与する製造工程の効率化である。従来、原価の提言は製造現場での作業改善や工程改善など生産管理活動としてのみ展開してきていた。A社では後述するように作業改善を起点にそれと連携させて上流の部品の構造の設計さらには顧客メーカーの完成車の設計段階の変更にも遡上していくコンカレントな改善活動で新たなグローバル競争力を確立してきている。

（3）部品モジュール化への対応および技術経営戦略

一定の太さと曲線で規則的に巻かれた巻きバネはバネ単体の伸縮の軸線を持っている。これに対して1本のバネの太さならびに巻きの角度を変更させるとバネの力の軸をバネの伸縮の方向とは異なる方向に展開できる。この原理を活用して形状が開発された。これによりバネと車体の接続部分に履き寄せられてきた接地面の振動・ストレスを車体全体に分散できる。結果として乗車している人に対する、突き上げるような振動が回避される。

A社はいわゆるティア1企業としてシャシー・ユニット部品をサプライヤーに納品している。しかしながらA社の製造するバネ部品だけでなく車台やショックアブソーバー等の部品機能とのユニット・システム単位での調整が要る。それぞれの部品ごとに固有性がある上にそれぞれの部品を起点としたシステム全体の改善がありうる。こうした調整難のためユニット部品より上位のモジュール部品・レベルで、サブ・アセンブリー外注志向のモジュール化に陥りがちとなる。設計変更を含んだモジュール化の場合、横並びの部品サプライヤー間の調整ではなく従来のような完成車メーカー主導による調整が要る。

A社の新たな機能をもったバネ製品という戦略はいわゆる「プロダクト・イノベーション」のひとつである。しかしながらこの技術経営戦略は他の部品供給者との設計および原価調整という「プロセス」の「イノベーション」を経ないと実現できないことが分かる。

(4) 製造現場改善と開発設計との連携

　サプライ・チェーン・マネージメント（SCM）は製品開発・設計からアフター市場にいたる総供給過に関わる一連の経営変革である。SCMとは、(1) 全体最適化、(2) 工程間・拠点間物流の効率化、(3) 中間財の仕様の確定時期の延期化による中間財加工のムダの排除、に分類できる[14]。具体的な生産管理面での取り組み方法は順に、(1) 顧客起点・後工程取りで必要とされるQCD信頼性の範囲内で効率的にボトルネック工程の複線化・前後工程への負荷の転換、(2) ミルクラン方式やバックヤード活用など配送方式の改革および荷役・梱包・荷卸・倉庫管理などの戦略的ロジステック、(3) セル（アンチ・ライン型）組立と部品の共通化およびサブ・アセンブリーやサブ組付後部品化・ユニット部品化との連携による生産管理・生産技術改善である。

　SCMでは一般に総供給過程の流れの全体最適化を図る。マネジメント（管理・企画）の方向はトップダウン型管理である。これに対して同社は製造現場基点の総供給過程改善を進めている。現場の組付け工程作業改善のために当該組付け部品の形状・設計変更が提案されるというように現場から設計へと遡及される。現場・製造、設計（完成品・部品・部材）、購買（部材・設備）の三位

一体での改善活動である。「制約性理論（TOC）」では最もボトルネックとなっている工程の負荷を他の前後工程に移動させる。変更は全体的なフローの最適化と工程間負荷の均等化である。

しかしながらそもそも工場内の1つのラインを構成する数種の作業工程間ですら平準化は難しい。作業者自身は整数倍でしかない。総供給工程が長くなれば保守要員の対応が物理的に不能となる。管理のための端数の工数や追加の人員をどう確保するのかが課題となる。加えて工程間のスループット・タクトタイムには作業以外の要因による制約もある。素材への熱処理や化学反応による処理には物理学的ならびに化学的に固有のリードタイムが要る。アクシデントが随所に発生する。アクシデントのバックアップのための適正在庫をもつことが改めて提起される。

こうした問題に対してA社では組み立てラインをライン生産・流れ作業からセル方式に変更した。セル内には2－3名の作業者が入り半分の面から前工程からの中間財部材を受け入れる。反対の半分の面の小物の部品棚からカフェテリア方式で部材を集めセル内で組付け後工程へ送る。なお作業機の補修時はセル外側からワンタッチで入れ替える。

A社は同モジュール・ユニット部品の最終組付・組立工程における作業内容の改善提案が起点となり部品および完成車の設計変更が行われた。すなわち従来筒状の部品に1メートルあまりの棒状のワイヤー部品を差し入れる作業工程があった。この筒状部品を板状の部品を曲げてカシメる形状にすることによって棒状の部品を据え付けるだけになる。棒状の部品を差し入れるために2メートル往復させる作業がなくなる。ただし筒状部品の一部が切

れることになるために部品の強度、完成車の力の分布が変わる。部品の構造の設計が変更された。

SCMにおいてもITネットワークによって図面の「共有」、完成車の構造設計／部品の構造設計／工程設計／加工技術の各段階での部品のレビューの「同時」進行（＝コンカレント化）による開発期間短縮が図られる。これに対してA社のカー・メーカー・グループ内の総供給工程改善活動では、製造の最後方工程の部品の組付におけるこのA社での作業改善を起点に、部品の設計や完成車の設計そのものに遡及して改善を行う。

2　B社の事例

(1) 事業概要

B社は精密機器メーカーとして創業した。戦時中は航空機・同部品製造を行ってきた。戦後、自動車メーカーYの子会社となり同社の小型乗用車ならびに同型車向けのエンジンおよびトランスミッションの主力製造拠点となった。1990年代のY社が欧州メーカーと提携し部品メーカー・グループの再編が行われた。1999年からのY社グループの企業再編プログラムにそってB社は車両の組立から撤退し「マニュアル・トランスミッション（MT）」モジュール・ユニット部品およびエンジン製造部品企業として再編された。この間の再配置は同社のみならずY社グループ全体の国内設備の集約化戦略として展開した。これにより従来完成車やエンジンの組立を主体とした一貫生産ラインから素材機械加工工程工場、熱処理設備工場および精密組立・組付けの工房（B社

によれば「島・町工場」型）といった工場群がコの字型に配置された拠点に変動した。

(2) 工程設計の変動

日本の市場ではオートマチック・トランスミッションが主流である。逆にMTは欧州市場で主流である。既にY社は提携先の欧州系企業と部品の共通化を進めている。B社はY社の提携先欧州企業に輸出供給する方向で市場を確保している。いわばグローバル生産ネットワークと連携するVCM戦略を展開している。

こうしたグローカルVCMの展開にあたってB社は設備の配置を従来の直線ラインから小規模作業所＝「島」＝工房＝セルが房状に連携するものに換えた。旧来の工場建屋内に「町工場」が軒を並べる形で展開している。個別の工房はQ字型である。前工程からの中間財が投入されセル・島の周りから組付ける部品が供給されセル・島内部の5－7名の作業者が連携して組み立てていく。MTの場合、電子系の制御を伴うATとは異なりメカニズム制御によっている。その分、精密組立工程の工数が増える。MTの場合、生産工程は工房におけるような手作り作業工程の塊となる。加えて日本国内向けではMT供給は主に補修向けのユニットもしくは個別の構成部品単品の受注になるためライン生産には向かない。

他方でトランスミッション部品は歯車の塊として精密組立作業を要する。作業工程における品質の管理費面で海外移転メリットが出にくい工程がある。ただし日本国内の場合、賃金水準が高い上に東海地区製造業では自動車産業を中心に人手が得にくい。B

社では近隣には高層の住宅街があり家事の合間に昼間のパートで主に女性を中心に就業希望があった。こうした女性作業者は従来の労働市場からみると隙間市場であり精密組付け作業には適正があるというメリットがある。ただし従来工場の生産現場は成年男性のフルタイム作業者を前提に設計されてきた。これに対して作業管理は昼間のパート作業で基本的にこなすこと、残業での調整を前提としてないこと、シフト制ではないことを要する。また作業台の高さ、作業所の明るさ、壁床の配色や清掃の徹底などへの配慮を加える。

なおB社工場群はエンジン生産については継続しているが主力を車両組立・ロット生産工場から精密組立・注文生産に変えている。したがって2000年から全くの新工場同様、「在庫ゼロ、品質不良ゼロ、設備故障ゼロ」という生産管理の基本に帰った活動を展開している。同時にY社外の自動車メーカーとの勉強会活動も受け入れ生産の効率化を図っている。こうした「くふう」によってローカル条件から欧州市場で主流のMTを遠方の日本から供給するというグローカルVCM戦略が可能になった。自動車はじめ製品の組立工場・生産ラインは作業集約的な工程である。その閉鎖は地域の雇用に甚大な影響を与える。通常は新たな製品の組立工場誘致や業種展開・構造調整などに地域振興政策の眼は移りやすい。これに対してB社では安易な新事業創出などに走らず現在までの自動車製造事業ポートフォリオ内の事業の取捨再編と創業来の精密加工という技術の継続性、さらにローカル産業集積条件を考慮した堅実なグローカルVCMを展開している。加えて事業転換と合わせて「生産管理」活動による効率向上という基

本事項を着実に実施したことによって構造調整コストを削減することができた。

3　C社の事例

(1) 事業概要

C社は二輪車用ならびに四輪車用のクラッチ製造の自動車部品企業である。売上構成（平成17年度3月末）は二輪車用クラッチ47.1％、四輪車用クラッチ42.5％ならびに同車両用の小物樹脂製歯車部品等その他部品10.4％である。自動車メーカーZ社が20.6％を出資する。研究開発は静岡県西の本社工場に集約している。Z社の海外展開に連動する形で国内では、三重県、九州に製造拠点を置いている。海外でも同様に米国、英国、台湾、中国、フィリピン、タイ、インドネシア、インド、ブラジルで製造活動を展開している。C社としては製造拠点についてはその立ち上げならびに生産管理面での支援を行う。製造拠点の進出・撤退はクライアントのZ社の生産動向に応じて柔軟に展開する。

C社はクラッチ部品製造という事業そのものに戦略的な意義を置いている。二輪車の場合、一般にクラッチ以外の部品はグローバルな現地調達が基本的には可能である。そのため同部品の調達先の変更が海外を含めて起こりやすい。たとえば当社の扱っている「その他部品」については生産設備の移転等も容易であるので転換が起こりやすい。なおZ社では四輪についてはグローバル調達を改め品質面で改めて日本国内および日系部品メーカー経由での部品調達に切り替えている。

クラッチの素材は紙、コルク、鉄線、アルミ、油である。クラッチの構造もさることながら素材からの内製および研究開発が製品の品質ならびに製造コストを左右する。特に摩擦財の研究開発が重要である。グローバル同一品質という方針で製造を展開している。したがって海外や国内の東海地区外での製造については材料の持ち込みが必要になる。

(2) クラッチ部品製造事業への転換の経緯

当初、航空機用エンジンのクラッチ板の製造会社として昭和14年に創業した。戦後は昭和23年に今日の会社として設立した。自動車部品への参加は戦後直後の時期、Z社の創業者が近在の部品調達先を開拓したことに呼応したことよる。同氏は外国製の50cc二輪車を買ってきてこれを解体し個別の部品を提示し近在で製造できる業者を探していた。先に述べたように二輪車の多くの部品は地場の技術で代替可能なものが多かった。C社はこのZ社の呼びかけに応じてエンジンクラッチ板を提供し以来部品の生産を開始した。次いでZ社では排気量125ccの外国製二輪車の解体検討を行いエンジンの製造に取り組んだ。それに対応するクラッチ部品の開発がC社に改めて打診された。C社はこれに呼応して開発し納入していった。Z社の事業拡大および製品開発と連携してC社も拡大ならびに技術向上を実現していった。C社はZ社という自動車産業とともに歩んできた。しかしながらC社にとっては自動車部品事業というのはたまたま参入した事業分野に過ぎないと考えている。C社の中軸事業分野は基本的にクラッチ板技術である。製品のコルクから紙のコッパーへと展開してきた

摩擦材の開発、それをクラッチ板に積層・接着する技術緩衝材の開発ならびに全体のクラッチ板システムの設計と技術が中軸事業分野である。二輪車は最もその使用頻度の高い、市場の大きな製品として有用であった。

4　D社の事例

（1）事業概要

　D社は二輪、四輪、鉄道の各車両、航空機、船舶、建設機械、産業機器等の動作用ならびに緩衝用の油圧機器および同システム製品の部品企業である。たとえば舞台のせり上げやドーム球場の座席の位置換え用の動作装置などがある。製品別の売上高構成（平成16年度）は油圧緩衝器が54.1％、油圧機器が41.9％、システム製品が4.0％である。仕向け先の製品分野別では4輪用・自動車向けが52.5％（油圧緩衝器39.9％＋油圧機器12.6％）で最も多く、次いで産業用24.4％（油圧機器）、二輪用8.8％（油圧緩衝器）、航空機2.7％（油圧機器）となっている。なおショックアブソーバーのグローバルシェアは18％、日本国内シェアは55％である。パワーステアリングポンプのグローバルシェアは15％、国内シェアは29％である。

　本社は東京にある。隣接する2工場の北工場は「自動車機器の専門工場で、自動化ラインでショックアブソーバーやパワーステアリング、ポンプ、オイルシールなど」を生産する。南工場は「二輪車用緩衝器、油圧シリンダーなどを一貫生産」する。生産技術研究所を隣接する。他方で三重県の臨海地区には「大型船舶」が

接岸できる立地を利用して「機・電・油複合技術をベースとする大型装置の製造組立」を行う。神奈川には油圧機器を主体に航空機部品やメカトロ製品ならびにコントローラ等電子機器を生産する2工場を置き「開発工場」として基盤技術研究所を隣接する。埼玉に特装車両用の架装・ギヤポンプ工場を置く。製造・製品開発は、神奈川・岐阜南工場におけるハイドロリックコンポーネンツ事業本部、岐阜北工場を中心とするオートモーティブコンポーネンツ事業本部、神奈川・埼玉における関連事業本部の3事業部からなる。国内工場は岐阜の2工場が自動車ならびに二輪用部品の主力工場となっている。基本的には国内主体で拡大を続けてきた。

海外製造拠点は1970年の台湾企業への資本参加に始まり1985年までにもインドネシア、スペイン、マレーシアに既に進出している。その後米国、タイ、2000年に入ってからベトナム、中国、チェコ、ブラジルに進出している。主に四輪については自動車メーカーの組立拠点展開に追随して、また二輪については同メーカーの東南アジア展開に追随する形で海外展開してきた。

(2) 自動車部品製造の経緯

1919年に発明研究所として開設された。1927年に航空機用油圧緩衝脚・カタパルト等製作会社として創業された。1943年に航空機用の脚ユニットの製造拠点として岐阜製造所（現岐阜南工場）が新設された。戦時化東京ならびに名古屋における空襲を避けての疎開工場として設立された。戦後1948年にD社として設立された。

なお東海地区の岐阜の拠点は自動車および二輪車むけ部品の製造拠点となっているが本来航空機の脚ユニット生産工場として昭和18年に設立されている。戦後、民需用生産に以降し昭和29年から二輪車用油圧緩衝器の生産を開始した。昭和35年から神奈川の工場から四輪車用油圧緩衝器の量産品生産を移管した。昭和43年に岐阜北工場が設立され油圧緩衝器から四輪車用部品生産がようやく本格化する。

(3) 自動車部品・モジュール部品への取組み

自動車関連で特徴ある製品としては左右の油圧機器を油圧によって連携させることによって旋回時の傾きを調整するシャシー・システム・モジュール部品がある。そのほかにもモジュール部品としてはサスペンション・システムやパワステアリング・システムなどがある。自社の油圧部品ならびに制御システムを軸に部材を調達し組上げて完成車メーカーに供給している。

5　その他の事例

他にもノズルの被膜圧を塗りで調整する技術のよってクライアント部品メーカーM社の切削技術者と連携してユニット部品の品質を向上させたE社の事例があった。この会社も自動車部品サプライヤーではなく表面仕上げ専門の企業である。家電製品を手掛けたこともあったが1円でも安ければ注文が動きかつ決済のサイクルが早いため技術向上が図れないことから産業横断的に事務機器はじめ広範に表面仕上げ加工を請け負う事業スタイルに先ず

転じた。次いでリスク分散を図った上で品質面で長期的な受注が見込め設備投資の見通しの立つ自動車部品産業を手掛け始めたのが自動車部品サプライヤーとしての事業の出発点であった。

　E社はクライアント部品メーカーM社の本社工場と塀ひとつ隔てて立地している。グローバル戦略については海外生産や輸出は製品メーカーの分野であるとみている。サプライヤーはこうした国内メーカーの国内拠点や国内購買部門が顧客である。市場の8割が国内にあるとしている。むしろ今回のユニット部品における貢献のように特定のプロセス技術について高機能をよりやすい原価で実現するなどクライアントのグローバル競争力をいかに支援するかがサプライヤーにとってのグローバル戦略であるとしていた。

　同様に自動車の特定部品のみの表面仕上げを手掛けるF社の事例がある。F社は同部品の表面仕上げ作業工程の効率化・コストダウンという観点から部品分割ならびに部品構造の変更を自動車メーカーに提案した。メーカー側がこれを受け入れF社が前方工程を担うサプライヤーを調整した。最終的には当該の表面仕上げ部品を組付けるユニット部品の供給を担うモジュール・サプライヤー、ティア1の役割をも果たしている。

■4 東海地区からみた新たな地域振興

1 東海地区企業事例の共通点

　東海地区の自動車・同関連サプライヤーおよび本地区の拠点は共通して創業以来の中堅技術に経営の基盤を置いていた。先端性よりも先ずは既存のものの改善を重視する。経営の軸は品質・コスト・納期を管理して安定的に供給できる原価管理力、さらにはそれらの改善を提案する現場力・原価企画力に置かれる。これにより量産効果が確保できる部品・加工を受注し基本的な収益を確保する一方で高付加価値な小ロット・単品モノも手掛けることが可能となる。小ロット・単品の加工ではスケール・メリットは得られない。フレキシブルな対応には設備投資は馴染まない。加工は柔軟性のある人的な要素（作業、道具、およびその配置）の工夫・改善に依存する。加えて単発でフレキシブルな分、単価も高くなる。ちなみに愛知県の平成14年度の統計によれば売上に対する付加価値比率は30人未満の事業所で53％－45％であるが200人以上では33－29％と低い。

　いずれも共通して自動車外の産業から自動車部品も手掛けるようになった部品企業である。ちなみに多くが共通して戦時中に航空機部品製造に関わっている。したがって精密加工を中軸に新規産業であった自動車製造業と連携することで事業発展の機会を得ている。戦中の政策的創出新産業は航空機であり戦後の新興産業は自動車であった。

ここでの事例におけるグローカル連携は従来のローカルな産業集積との脈絡なしに「プロダクト・イノベーション」を行ったものではなかった。新興の製品の生産工程の中に自社の事業機会を見出す「リ・プロセス・イノベーション」として展開していた。また「ニュー・ベンチャー」創出から「オールド・ベンチャー」として技術の蓄積だけでなくその生産および原価管理の蓄積のある企業の再活性化であった。

　東海地区では地域振興は先見的な産業政策やそのビジョンに主導されるものではなかった。地場産業集積の実勢と新産業・新製品の需要とが連携して自生するものであった。たとえば現在オフィス情報機器メーカーに転じたG社の場合、外国製品や新製品を解体し自社の精密加工技術を基礎にそれを地場で調達できるもしくは調達可能となった部品に暫時置き換える形で、ミシン、タイプライター、掃除機、洗濯機、ワープロ、編み機と手掛け、コピー機、ファックス、プリンターさらにはその複合機と製品展開している。なおG社は製品の変遷の中で当初は購買会という割賦等金融面に、近年ではキイ化した専用サプライ品の開発・供給という面にプロフィットプールを置いたVCM戦略・付加価値管理戦略を展開している。ちなみに設備や知財の集積は地理的な規模拡大や海外展開ととともに遠からず拡散し優位性を失う。検討されるべきローカル要素は素材供給と精密技術賦存であり、かつ製品製造をめぐる素材と加工技術との連携構造の企画による「キイ」化能力である。さらに原価管理能力を加えた、こうしたVCM戦略展開が地域振興にとっては「プロダクト」や「IT」よりも堅実である。

最後に東海地区産業集積基盤について以下、概略しておきたい。なお細目は拙稿編『愛知県産業集積の研究』名古屋工業大学、2006年3月参照。

2 東海地区の製造業集積の基盤

「名古屋の人々は、自然の素材を巧みに生かすことが得意だった。植物から織物を、土や石から陶磁器を、ヒノキやスギから建具や家具を作り上げた。しかも、芸術に特化することなく、日本人の生活文化に根差した産業をはぐくんできた。素材と技術、そしてそこに生活文化を融合させて産業化する……。名古屋の人々はこうしてその時々の先端技術産業を巧みに育ててきた[15]。」

「土糸木鉄」という多岐にわたる資源賦存と東海地区の農業生産の産む旺盛な余剰とが融合した。多様な消費財ニーズとその製品による充足とが結び付いて産業が発展してきた。各種の陶磁器食器、衣料品、玩具、木製品、装身具や日用金属小物などの一般消費財、農具などの木鉄製品、節句人形、仏壇、家具などの高級耐久消費財などがある。

いわゆる伝統工芸産業として、経済産業大臣から指定を受けているものが名古屋市にもある。尾張七宝、名古屋扇子、有松・鳴海絞り、仏壇、桐箪笥、友禅黒紋付染、節句人形、扇子、提灯である。節句人形の生産では、埼玉県（行田）についで、愛知県は日本の2大生産地をなしている。こうした伝統的な消費財産業は、主に地域内の需要を満たす目的で全国の各地域ごとに一揃いはある産業分野である。加えて、旺盛なローカル地域需要を背景に全

国に供給されてきた。木製品や家具の出荷額は愛知県が全国１位である。製品では、節句人形、仏壇の出荷額で同様である。しかしながら、多くの名古屋圏の伝統産業の場合、基本的にローカル地域圏内部に巨大な市場をもつため全国的な知名度は低い。そのため「伝統工芸＝職人」の集積が意識されにくい。

　伝統産業は一般的にも消費生活のパターンが近代化するなかで暫時売上を減じている産業である。名古屋市においても他の地域と同様に減退傾向にあり後継者難にある。

　ただし依然名古屋圏には節句祝い、結婚祝い、自動車購入、ガーデニング（陶器の置物・苗木）、内装・調度品など、ライフステージの折々に応じて消費需要が堅調に存在している。名古屋市の場合、国内の生産総額も減少し産地の改廃が進む中にあっても産業集約によって蓄積を進めていける市場ももっている。ハイテク産業集積のルーツは数々の伝統産業にある。「糸（絹、綿、毛）」は合繊や化学繊維に、「土（陶磁器）」は軽量・耐熱部品、半導体、センサー、触媒、耐熱品に、「木（木製品）」は、洋時計、鉄道車両、精密機械、楽器、プロペラ・機体に、「機械（和時計、からくり）」は、産業用ロボットに発展した。

　現在の主力製造業が自動車製造業であるために、特定のメーカー名が東海地区というと想起される。工業分野別には、自動車産業密接型の集積であることを特徴としている。すなわち、素材（例えば鉄鋼等）や部品（例えば、インパネや内装品などのプラスチック成形品等）製造、さらに製造設備機械の製造など、自動車アセンブラー・メーカーとの直接の関連産業が集積している。他方で、自動車部品として組みつけられる電気機器や金属製品の

部品の加工製造、設備機器用部品の加工製造、電子部品など、間接的な関連産業も集積している。ひとつの製品をめぐる重層的なサプライ・チェーンは旧来から集積してきたが、現在は自動車が主導的な製品をなしている。しかしながらいわゆる「企業城下町」という言葉で表されるような、特定のメーカーのみに依存した産業構造には必ずしも陥ってはいない。

　自動車においても主要なメーカーの製造拠点が名古屋圏内および隣接地域には、複数立地している。二輪車では産業そのものが東海地区に集中している。さらに輸送機器以外にも電気機器メーカーや文具メーカーなども名古屋圏には組立拠点を展開している。サプライヤーの裾野ばかりでなく、顧客メーカーの裾野も広い。

　地域振興の第一歩は、地場の農林水産・鉱業の豊かさを地元地域のものとして確保すること、次いでそれを物財にかえる工業を自前でもつことに始まることにある。

【注】
（1）石倉洋子他『日本の産業クラスター戦略——地域における競争優位の確立』有斐閣、2003 年、p.21.
（2）矢野経済研究所『データでみる県勢 2006 年版（第 15 版）』国勢社、2005 年。
（3）愛知県統計協会『あいちの工業』各年版、静岡県生活・文化部統計利用室 HP「統計からみた静岡県」(http://www.pref.shizuoka.jp/t~shizuoka/top.htm) 他、静岡県商工労働産業企画総室企画経理室 HP「静岡県と日本一」(http://www.pref.shizuoka.jp/j~no1/index.html) 他、三重県政策部統計室 HP「統計でみる三重の産業」他（http://www.pref.mie.jp/DATABOX)、岐阜県統計課 HP「岐阜県統計書」(http://www.pref.gifu.lg.jp/pref/s11111/archive/FY2005/toukeisyo_2005.htm) 他。
（4）マイケル・ポーター『競争の戦略Ⅰ』、『同Ⅱ』東洋経済新報社、1998 年（原

書1979-96年)、Ⅱ pp.65-204.
（5）大滝他共著『経営戦略』有斐閣 1997年、pp.1-25.
（6）Alfred Marshall, Chapter X of 'Principles of Economics(Eight Edition)' the Macmillan Press Ltd(London) 1920,pp.222-231.
（7）産業クラスターについては、伊丹敬之他編『産業集積の本質──柔軟な分業・集積の条件』有斐閣、1998年、田中史人『地域企業論──地域産業ネットワークと地域発ベンチャーの創造』同文館出版、2004年、通商産業省関東通商産業局『「産業集積」新時代─空洞化克服への提言』日刊工業新聞社、1996年、(財)中小企業総合研究機構『産業集積の新たな胎動 中総研叢書3』 同友館、2003年、山崎朗編『クラスター戦略』有斐閣、2002年、山下義通編著『日本再生の産業戦略―3大科学技術の発展と日本が再び世界をリードする道』ダイヤモンド社、2002年、原山優子編著『産学連携―「革新力」を高める制度設計に向けて 経済政策レビュー8』東洋経済新報社、2003年、渡辺幸男『21世紀中小企業論―多様性と可能性を探る』有斐閣、2001年、伊丹敏之他『産業集積の本質』(1998.9)有斐閣、小林英夫『産業空洞化の克服』中公新書、2003年2月、pp.122-135、経済産業省編『新産業創造戦略』財団法人経済産業調査会、2004年。
（8）日本の産業クラスター政策については、2002年4月12日の経済産業省中部通産局による「産業集積（クラスター）」、「コンソーシアム（共同事業体）」に関する説明会（名古屋工業大学にて）配布資料、図「地域経済産業政策（産業立地政策）の推移と今後の課題」中部経済産業局『中部産業創生構想（産業クラスター計画)』同所（平成14年3月18日)、原資料は同省ＨＰ資料。
（9）山崎朗編著『クラスター戦略』有斐閣選書、2002年7月。
（10）拙稿「デジタル化経営とモジュール化戦略」日本経営学会編『経営学論集第73集』千倉書房、2003年、pp.49-62.
（11）「日本経済新聞」2002年7月27日付。
（12）M. E. ポーター著、土岐他訳『競争優位の戦略』ダイヤモンド社、1985年12月（原書1985年)、p.50。
（13）なお検討内容は2005年度から2006年度に小林英夫氏（早稲田大学）と竹野（名古屋工業大学）の共同研究の一環として実施した、東海地域における自動車部品企業におけるヒアリング調査、工場踏査ならびに各社提供広報資料をもとに整理した。
（14）拙稿「第3章 自動車部品調達戦略の変動とサプライヤー集積地の戦略」『東アジア自動車部品産業のグローバル連携』文眞堂、2005年6月刊)。

(15)(財)名古屋都市産業振興公社編『産業の名古屋 2001』平成13年12月、P.39。

第4章

中国地区・九州地区自動車・部品産業の集積と地域振興の課題

太田志乃

■はじめに

　中国、九州地区の自動車産業が活況を呈している。

　マツダを除けば、自動車メーカーの分工場として機能している組立工場が連なる当地区は、新興自動車産業集積地域として名を馳せつつある。これらの背景には以下の要因が考えられよう。

　まず、広島に本社をおくマツダの復活である。1996年にはフォード(1)の傘下に入り、経営支援を仰いだが、実際にマツダが復活を果たしたのは自社努力によるところが大きい。従来高く評価されていたその技術力をもって新車開発に注力、デミオやアテンザ、RX-8といった他社と比べると非常に特徴のある車を相次いで発表し、業績回復をハイスピードで進めている。また1989年に発表されたロードスター(海外名称MX-5)は生産累計80万台に達し、世界で最も売れている小型2人乗りオープンカーとしてギネス記録更新を申請中である。

　このような地元メーカーの好調に加え、既進出工場の新たな動

きが話題性を呼んでいる点が第2の要因に挙げられる。

2005年9月にはトヨタ自動車九州工場においてレクサス新工場が立ち上がり、同年12月には苅田町にパワートレーン新工場が稼動している。トヨタでも高級車ラインとして立ち上げられたレクサスのブランドを持つ車には、その生産に「感動を与える」、「感性」「重要」といった実に細かな品質が求められ、それは車体組立のみならずその部品を生産する協力メーカーにも同様に求められる。日本国内では、この九州のほか愛知の田原工場でのみ生産されているブランドであり、九州に注目すべき新しい動きが出てきたことは当地の自動車産業へのカンフル剤となった。

また、2007年1月にはダイハツ工業が軽自動車向けエンジン工場を福岡県久留米市に建設すると発表した。2008年8月稼動予定であり、生産能力は年20万基である。従来、ダイハツ九州はエンジンを滋賀工場から調達してきたが、昨今の軽自動車人気による生産能力の強化に向けて、エンジン生産も強化していく方針を打ち立てたものである。

翌2月には、日産自動車九州工場内に日産車体の100％出資会社が設立され、車両組立工場があらたに建設されるというニュースも発表された。2009年には、年産12万台の生産能力を有する工場が稼動し、エルグランドや北米向けのクエストといった車種が生産される。日産車体湘南工場で組立てられていた車両が九州で生産されるのだ。

このプラスの要因に働くニュースが実際に当該地区にどのような影響力を及ぼすのかは、今後注目していくべき点ではあるが、本章では先に、両地区における自動車組立工場の歴史を2つの工

場例にみて、次いで当地における自動車産業の果たす役割を概観し、今後の当地における自動車産業の姿を探っていきたい。

■1　中国・九州地区における自動車産業史

1　三菱自動車工業・水島製作所（中国地区）

　岡山県倉敷市に位置する水島製作所は、三菱自動車工業の工場の中ではその敷地面積や生産台数を最も大きくする工場である。06年現在、エアトレックやランサーのような人気車種のほか、軽・乗用車用エンジンなどを生産している。

　当工場は1943年9月に設立された三菱重工業水島航空機製作所を前身としており、この製作所が水島に立地したことは、「戦後わが国の代表的な新興工業地帯の一つとしての水島コンビナートの発展(5)」につながる1つのきっかけとなった。設立以前の当地は農耕地が広がり海岸線には遠浅の海面がつづいている、工業とはあたかも無縁の地域の様相を呈していたが、41年に三菱重工業が名古屋航空機製作所岡山工場を当地に建設することを決定し、その折に地元では源平合戦の地名から水島という呼称が付されたという。

　そして43年に設立した水島航空機製作所は、折しも戦局の煽りを受け戦闘機の生産に従事していたが、45年4、5月には空襲を受け工場は停止状態におちいった。しかし、戦後、大幅に数を減らした従業員らは被災工場の整備を進め、三輪トラックを手が

け始める。この三輪トラック"みずしま"は、当製作所のメイン製品となり、ここに自動車産業としての萌芽がみられる。次いで、中型四輪トラックの開発・生産、ジュピターの生産など日本の自動車産業の流れに沿った車種の変化にも上手く対応し、三菱自動車の中でも大規模生産工場としての位置を確立するに至った。

2　日産自動車・九州工場（九州地区）

1973年7月、日産自動車（以下、日産）にとって国内7番目の工場となる九州工場進出が決まった。しかし工場を新しく設けるとはいえ、日産と九州の間には自動車産業史に残る、あるつながりがあった。

日産の創設者、鮎川義介が資本金30万円で福岡・戸畑に設立した戸畑鋳物㈱がその一頁である。明治43年（1910年）に発足した同社は、黒心可鍛鋳鉄の鋳物生産からスタートし、次いで機械類の製造販売まで事業を拡大していった。経営が大きくなるにつれ、同社はその本社機能を東京に移し、他企業の吸収合併などを重ねて日本各地域に工場数を増やしていく。本社を東京に置いた流れもあったのか、㈱東京石川島造船所自動車部で製造されていた軍用保護自動車の鋳鋼品の一部と可鍛鋳鉄品の鋳造の大半を製造しており、ダット自動車製造㈱も全て同社の部品を使用していた。[6]

しかしながら、戸畑鋳物㈱が日本の自動車史に名を残しているとはいえ、1973年当時の九州は自動車未開の地であった。それでも日産が敷地面積145万㎡[7]もの工場を新設するに至ったには、

マイカーブームが到来していた当時のライフスタイルが左右するところが大きい。加えて、自動車産業の資本自由化を控えていたこともあり、生産体制を見直し、量産・増産を確固たるものにしていくことが、日産の戦略だったのである。そうして栃木工場ではセドリックやグロリア、チェリー、座間工場ではサニーやダットサン、村山工場でローレルやスカイラインといった車両別生産体制が確立され、各工場で増産の強化が行なわれていった。こうした背景の中、当時需要が大きかったダットサン生産が座間工場では手狭となり、その生産能力不足を補うために新工場建設計画が進められ、九州への進出となったのである。

ただし、ある程度の面積があればどこにでも車両工場が設けられるわけではない。日産が九州へ進出を決めたのには、九州の労働力に目を向けたからであり、作業者を集めやすいメリットを重視したからである。また、電力や工業用水などインフラが整っていること、陸海空の便の良さなども大きな魅力となった。九州工場を訪れると、船舶が着岸する岸壁があり、生産車の輸出も行なっていることが一目にして分かる。広大な敷地内には、輸出車両用置き場も設けられており、現在でも日産の輸出基地としての役割を担っている。

また、当工場の進出にあたり、特筆すべきは自動車部品関連企業の九州進出の側面である。

自動車組立工場として九州へ進出するのは、日産が初めてであった。今でこそ、工場の50km圏内から「7割前後」を、「必要な時に必要な量だけ」[8]調達できる体制を整えているものの、自動車産業が未開拓な地へ何万点にも上る自動車部品をゆだねる

ことは出来ない。当時から関東や中京圏に集中立地していた部品メーカー群からの部品輸送をスムーズにするため、日産は先述の専用埠頭を活用し、海での輸送手段を採ったが、それにもまして部品調達の向上を目指すべく、協力部品メーカー群に対して九州への進出を促進した。

そうして、日本ラヂエーター㈱（現カルソニックカンセイ㈱）や橋本フォーミング㈱といった日産の代表的な協力メーカーが相次いで九州に進出し、当地の自動車経済圏のベースを固めていった。

■2　中国・九州地区における自動車産業の現状

1　数字にみる中国・九州地区の自動車産業

自動車産業が日本の屋台骨であることは疑いの余地がない。

昨今では、トヨタ自動車が世界の自動車メーカーのトップに踊りだす可能性をうたった情報があふれており、それが日本経済のプラス要素に必然的につながるかのような錯覚すら覚える。だがこのトヨタの好調は別にしても、自動車を生産するのに実に数万点の部品が必要とされること、その部品生産に必要な部品、素形材がさらに必要となることを考えると自動車産業の裾野がたいへんに幅広いものであること、それが日本経済において要となるポジションにあることは把握できよう。

例えば、自動車のメインである車体1つをとっても車体本体や

フレーム、車輪部品に至るまでに数多くの部品を要し、そこには関連する企業やその従業員らが多く携わっている。2004年製造業出荷額でみると、輸送用機械器具製造業で約50兆4千億と全体額276兆の実に18％をも占めており、製造業全体ではトップの値を示している。[9]

また、設備投資の面からみても日本経済においては大きな存在であることは間違いない。経済産業省の設備投資調査をみても、全製造業の中では最も大きい。2005年度では約1.4兆と製造業全体の25.7％を、2006年度では約1.5兆と全体額の22.8％を占めている。設備投資の内訳としては、生産能力増強の割合が最も高く、合理化、省力化、設備の更新や維持などが続く。[10]

このように自動車産業が日本経済に与える影響は非常に大きい。しかし、この大きさに関係しているのは、多くの自動車メーカーが本社を置く東海、関東地区のみではない。本章でみる中国、九州地区にもその芽が生じ始めているのは先述のとおりであり、それは後章に続く東北地区も然りである。

ここでは、輸送用機械器具製造に関わる各統計を地域別にみてみよう。図表1は各地区に該当する県の値を合計し、地区別に比較したものである。全国計でみても、2000年に比して2004年では約1,300もの事業所が撤退と、どの地区をとっても減少しているのが分かる。しかし従業者数、付加価値額はマイナス傾向がみられる年があるものの、全体的にはこの5年間では上昇していることが分かる。中でも、九州地区のそれは目覚しく、東北地区と比しても2004年の付加価値額では倍以上となっている。これは東北地区にはほとんどない、車両組立工場の影響が大きいものと

図表1　中国、九州地区における自動車産業の概況
　　　　（従業者4人以上の事業所）

＊製造品出荷額等　　　　　　　　　　　　　　　　　　　　　　　百万円

	2000	2001	2002	2003	2004	
東北地区	805,476	861,935	896,663	939,382	1,122,011	2.2%
関東地区	11,189,520	10,769,586	11,145,679	12,279,116	12,061,471	23.8%
中京地区・静岡県	22,217,290	23,194,290	25,197,646	25,249,071	25,957,261	51.2%
中国地区	3,319,476	3,321,359	3,626,171	3,792,760	3,855,937	7.6%
九州地区	2,153,510	2,608,582	2,815,030	3,126,110	2,904,711	5.7%
中国＋九州地区	5,472,986	5,929,941	6,441,201	6,918,870	6,760,648	13.3%
全国計	44,366,979	45,152,216	47,997,396	49,886,937	50,699,531	100.0%

＊事業所数　　　　　　　　　　　　　　　　　　　　　　　　　　事業所

	2000	2001	2002	2003	2004	
東北地区	491	481	473	483	478	4.0%
関東地区	3,865	3,627	3,430	3,574	3,349	27.8%
中京地区・静岡県	4,562	4,368	4,331	4,502	4,282	35.5%
中国地区	1,102	1,058	1,035	1,052	1,012	8.4%
九州地区	588	562	542	575	539	4.5%
中国＋九州地区	1,690	1,620	1,577	1,627	1,551	12.9%
全国計	13,342	12,684	12,266	12,721	12,053	100.0%

＊付加価値額　　　　　　　　　　　　　　　　　　　　　　　　　百万円

	2000	2001	2002	2003	2004	
東北地区	267,867	265,840	260,082	263,669	270,876	1.9%
関東地区	2,998,189	2,831,439	3,247,232	3,686,496	3,375,495	23.8%
中京地区・静岡県	5,610,852	6,272,794	7,505,891	6,775,109	7,149,248	50.4%
中国地区	797,280	938,151	933,284	1,020,411	971,534	6.8%
九州地区	589,958	708,477	786,955	952,059	737,871	5.2%
中国＋九州地区	1,387,238	1,646,628	1,720,239	1,972,470	1,709,405	12.0%
全国計	11,815,575	12,469,847	14,233,034	14,269,377	14,197,188	100.0%

＊工業統計にみる輸送用機械器具製造業の割合　（2004年）

	製造品出荷額等	付加価値額	事業所数	従業員数
東北地区	2.2%	1.9%	4.0%	3.6%
関東地区	23.8%	23.8%	27.8%	25.7%
中京地区・静岡県	51.2%	50.4%	35.5%	44.0%
中国地区	7.6%	6.8%	8.4%	8.4%
九州地区	5.7%	5.2%	4.5%	4.7%
中国＋九州地区	13.3%	12.0%	12.9%	13.1%

出所：経済産業省「工業統計（品目編）」各年版より筆者作成。

図表2-① 中国地区の主要産業（平成16年出荷額：従業者4人以上）

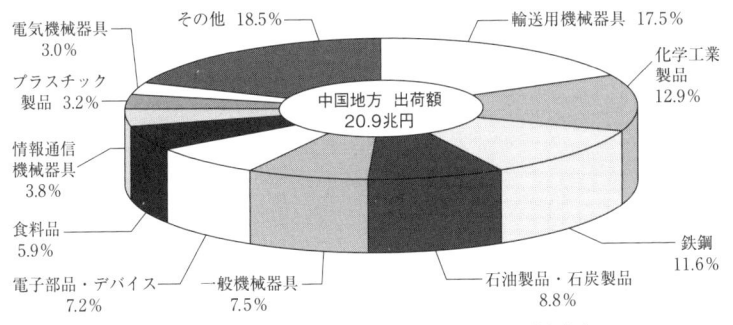

- その他 18.5%
- 電気機械器具 3.0%
- プラスチック製品 3.2%
- 情報通信機械器具 3.8%
- 食料品 5.9%
- 電子部品・デバイス 7.2%
- 一般機械器具 7.5%
- 石油製品・石炭製品 8.8%
- 鉄鋼 11.6%
- 化学工業製品 12.9%
- 輸送用機械器具 17.5%

中国地方 出荷額 20.9兆円

出所：経済産業省「工業統計（品目編）」平成16年より筆者作成。

図表2-② 九州地区の主要産業（平成16年出荷額：従業者4人以上）

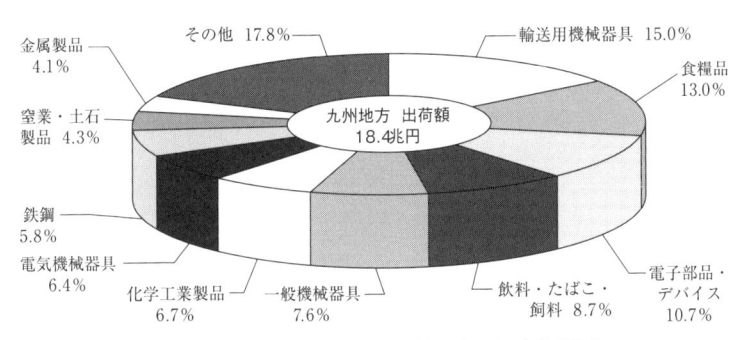

- その他 17.8%
- 金属製品 4.1%
- 窯業・土石製品 4.3%
- 鉄鋼 5.8%
- 電気機械器具 6.4%
- 化学工業製品 6.7%
- 一般機械器具 7.6%
- 飲料・たばこ・飼料 8.7%
- 電子部品・デバイス 10.7%
- 食糧品 13.0%
- 輸送用機械器具 15.0%

九州地方 出荷額 18.4兆円

出所：経済産業省「工業統計（品目編）」平成16年より筆者作成。

思われる。

　次に主要産業の出荷額順にみると中国地区では図表2-①、九州地区で図表2-②のように表される。両地区ともに、輸送用機械器具のそれが全体の15%を占めているのが把握できよう。

　中国地区では、水島コンビナートに代表されるように重厚長大型の産業として鉄鋼や石油化学製品が輸送用機器に次いで存在感

図表3　製造品出荷額等の都道府県別順位及び主要産業の概況
　　　　（従業者4人以上の事業所）

都道府県名	実数(億円)	1位 産業	1位 構成比	2位 産業	2位 構成比	3位 産業	3位 構成比
全国	2,844,721	輸送	17.8	一般	10.2	化学	8.5
北海道	52,626	食料	33.7	石油	8.8	紙パ	7.9
青森	12,646	食料	21.9	電子	10.4	紙パ	8.8
岩手	24,125	輸送	16.6	電子	13.1	食料	13.0
宮城	35,136	食料	17.2	電子	11.4	電気	9.6
秋田	14,008	電子	35.8	一般	7.8	食料	7.5
山形	29,401	情報	23.0	電子	15.9	一般	9.6
福島	54,853	情報	16.3	電子	10.4	化学	10.3
茨城	104,373	一般	17.9	化学	11.7	食料	10.6
栃木	80,412	輸送	16.1	情報	12.2	電気	8.4
群馬	76,004	輸送	31.1	一般	10.8	電子	8.6
埼玉	135,690	輸送	17.3	一般	10.6	化学	10.1
千葉	112,576	化学	19.1	石油	17.2	鉄鋼	11.7
東京	111,990	印刷	15.6	輸送	12.6	情報	10.5
神奈川	185,660	輸送	22.5	一般	14.7	化学	11.7
新潟	45,804	電子	13.9	食料	12.6	一般	11.4
富山	35,101	化学	14.2	電子	13.9	金属	13.2
石川	23,785	一般	23.7	情報	10.4	電子	9.9
福井	18,133	電子	16.3	化学	13.3	繊維	10.6
山梨	23,997	一般	21.8	電子	16.8	電気	12.8
長野	60,350	電子	16.9	情報	15.5	一般	14.0
岐阜	49,453	一般	13.9	電気	13.0	輸送	11.5
静岡	166,998	輸送	28.9	電気	9.8	化学	8.8
愛知	368,136	輸送	49.2	一般	8.6	電気	6.1
三重	87,751	輸送	28.0	電子	14.2	化学	9.7
滋賀	61,694	一般	15.4	輸送	13.2	化学	10.9
京都	48,160	飲料	13.7	一般	10.2	電気	9.9
大阪	159,611	化学	13.9	一般	13.0	金属	9.2
兵庫	129,452	一般	14.9	鉄鋼	10.3	食料	9.7
奈良	21,597	一般	21.2	電子	16.7	食料	10.1
和歌山	23,643	鉄鋼	22.3	石油	22.3	化学	15.0
鳥取	11,127	電子	28.2	飲料	12.1	情報	12.0
島根	10,401	情報	22.5	鉄鋼	13.9	電子	11.6
岡山	66,837	石油	15.5	輸送	14.8	化学	14.1
広島	74,153	輸送	24.0	鉄鋼	14.3	一般	12.0
山口	55,294	化学	27.0	輸送	18.6	石油	15.9
徳島	16,447	化学	26.1	電子	10.9	食料	10.1
香川	21,338	石油	15.3	食料	12.6	金属	8.2
愛媛	33,009	紙パ	16.1	化学	11.8	石油	9.6
高知	5,480	電子	23.6	食料	12.1	一般	10.7
福岡	73,323	輸送	24.3	食料	10.9	鉄鋼	9.0
佐賀	15,158	食料	18.1	一般	12.2	電気	11.4
長崎	12,699	一般	22.2	輸送	21.8	食料	16.6
熊本	25,848	輸送	20.0	電子	15.3	食料	11.0
大分	33,649	電子	13.3	電気	13.0	化学	12.0
宮崎	13,274	電子	17.6	食料	16.5	飲料	13.1
鹿児島	18,412	食料	29.5	飲料	21.2	電子	19.8
沖縄	5,108	食料	26.9	石油	23.1	飲料	15.1

注：平成16年は、「新潟県中越大震災に伴う平成16年捕捉調査」結果（一部推計を含む）を加えたものである。
出所：経済産業省「工業統計」平成16年より筆者作成。

を大きくしている。このようなコンビナート集積と、輸送用機械、電子、電気器具のようにモノづくりに関わる集積が併存しているのが中国地区産業の特徴である。

日本初の官営八幡製鉄所が福岡に稼動していた九州でも、今や輸送用機械器具がトップを占めている。半導体生産が全国の3割を占め、「シリコンアイランド」と呼称される当地区でもやはり輸送用機械器具の果たす役割は大きい。

以上、事業所数、付加価値額、製造品出荷額等でその大きさを計ってきたが、その割合を総合的にみると中国地区のみで日本の自動車産業の約8％、九州地区で約5％を占めており、両地区をあわせると約13％ものポジションを占めていることが判断できるのである。

次いでこれを各地区別にブレークダウンし、図表3をみてみたい。

図表3は各都道府県を軸とし、付加価値額の大きい産業順にランク付けを行い、輸送機械器具製造業に色付けをしたものである。静岡、愛知、三重県など自動車産業が盛んな地域の1位が「輸送」であるのに比すと、まばらではあるが、広島、福岡、熊本など中国、九州地区の県も自動車産業の色を濃くしていることが分かる。愛知県のように、その5割近くを自動車産業が占めている都道府県は他に無いものの、広島や福岡、長崎、熊本県の約2割をそれが占めている現状は、やはり自動車産業都市としてこれらの県がアピールしているのもこの表から明らかであろう[11]。

図表4　中国、九州地区における自動車組立工場拠点

本社・工場等所在地			操業年	主要製造品	生産台数	従業員数
ダイハツ九州㈱	第一工場		大分県中津市	2004.12	ハイゼット、アトレー、ビーゴ、トヨタ・ラッシュ	約17.5万台（05年）	1,184人
	第二工場			2007.末	車両生産	年産23万台（予定）	約900人
	エンジン工場（予）		福岡県久留米市	2008.8	軽自動車向けエンジン（予定）	年産20万基	約200人（08年予定）
トヨタ自動車九州㈱	宮田工場		福岡県若宮市	1992.12	レクサス、ハリアー、クルーガー	年産43万台	4,191人
	苅田工場		福岡県京都郡苅田町	2005.12	エンジン	年産22万基	
本田技研工業㈱	熊本製作所		熊本県菊池郡大津町	1976.1	スーパーカブ等の小型二輪車、スクーター機種、軽四輪車用エンジン・汎用エンジン、他、中大型二輪車（2007年秋～）	二輪車年産20万台（08年予定）	2,835人
日産自動車㈱	九州工場		福岡県京都郡苅田町	1975.4	ムラーノ、プレサージュ、エクストレイル、ティアナ、ラフェスタ、アルメーラ、ADバン、他アクスルユニット	約52万台（03年）	約4,600人
	日産車体工場（予）			2009	エルグランド、（北米向け）クエスト（予定）	年産12万台（09年予定）	約1,000人（09年予定）
マツダ㈱	本社工場		広島県安芸郡	1931.3	レシプロエンジン、自動車用手動変速機	約47.2万台（06年）	14,629人
		宇品第1（U1）		1966.11	デミオ、ベリーサ、ロードスター、RX-8、MPV、ボンゴバン、ボンゴブローニィバン		
		宇品第2（U2）		1972.12	プレマシー、CX-7		
		（宇品地区）		1964.12	レシプロエンジン、ディーゼルエンジン、ロータリーエンジン		

マツダ㈱	防府工場	防府第1(U1)	山口県防府市	1982.9	アクセラセダン、アクセラスポーツ	約49.5万台(06年)	3,170人
		防府第2(U2)		1992.2	アテンザセダン、アテンザスポーツ、アテンザスポーツワゴン、アクセラセダン		
		(中関地区)		1981.12	自動車用自動変速機、手動変速機		537人
	三次事業所		広島県三次市	1974.5	レシプロエンジン、ディーゼルエンジン	―	152人
三菱自動車工業㈱	水島製作所		岡山県倉敷市	1943	エアトレック、eKワゴン、ランサー、ディオン、ランサーワゴン、パジェロミニ、ミニキャブ、タウンボックス、軽・乗用車用エンジン、他	約51万台(03年)	6,270人

出所：㈱日刊自動車新聞社、(社)日本自動車会議所共編『自動車年鑑2006 - 2007年版』他、各種報道、各企業ホームページより筆者作成。
なお、従業員数は2006年3月末現在。他データは2007年1月現在。

2　中国・九州地区の自動車組立工場

　図表4は、中国、九州地区に立地する組立工場の詳細である。マツダの本社工場が1931年に稼動していることを考えると、実に70年以上もの間、様々な企業による工場展開がなされている。中国地区ではこのマツダの他に三菱の水島工場が、そして九州地区には日産の九州工場を皮切りとしてホンダ、トヨタ、ダイハツが進出しており、現在では両地区において200万台以上もの車が生産されている。

　九州地区に進出したダイハツ、トヨタ、ホンダの工場をみてみよう。

　ダイハツ九州㈱は、ダイハツ工業㈱の100％出資子会社である。

2003年に群馬県前橋市から本社機能と本社工場を大分県中津市に移転、2006年6月には「九州に根ざした社名への変更により、地元との共生の姿勢を高め」、「ダイハツグループ内の西の拠点であることを明確にする」ために「ダイハツ車体㈱」から「ダイハツ九州㈱」へと商号の変更が行なわれた。2007年末には従来工場の北側に、第二工場の稼動が、2008年8月には福岡県久留米市にエンジン工場が稼動することが予定されており、ダイハツグループ内でも大きな役割を占めるに至っている。

トヨタ自動車九州㈱もダイハツ九州㈱と同じく、トヨタ自動車㈱の100%出資子会社である。トヨタとしては初めて、愛知県外でハイブリッド車の生産に携わり、エンジンの生産にも着手し始めた。

トヨタの戦略として、自社を取り巻く環境を見直した際に①世界自動車市場の拡大、②労働力不足の様相、③世界的なコスト競争の更なる激化、④中国現地生産の拡大が重要課題としてピックアップされた。その中でも、①を視野に入れてトヨタの国内生産能力を350万台から380万台へと拡大することを考えると、②労働力、③コスト競争力が大きなテーマとなっていく。そこでトヨタが目を向けたのが、従来では考えられなかった九州地域の役割の大きさだという。国内生産能力を30万台増加するにあたり、九州工場の稼動構想がスタートしたのである[12]。

ホンダの熊本製作所は、小型二輪車の生産拠点として位置付けられている。それに加えて2004年には当工場に汎用エンジン生産工場の新設が着工された。この汎用エンジン生産に着手したのは「市場の変化に柔軟に対応できる生産体質の構築を目的[13]」と

されたものである。

　しかし、2007年に入り、その様相がさらに大きく転じることとなった。同社の静岡県浜松製作所で生産されていた中大型二輪車生産が、2009年には全て移管することが発表されたのだ。それに伴う新設工場の工事の他、従来から生産されていた汎用エンジンの増産に向けた工事も行なわれている。新工場はホンダ初の太陽電池工場となり、2007年秋には稼動予定である。

　この熊本製作所の「国内総合工場」化に向けた動向に、熊本県内では自動車産業集積地の更なる拡大に向ける期待が高まっている。2007年2月に行なわれた会見で山下雅也所長は「二輪車生産に加え、四輪、汎用機分野でも世界をリードする工場を目指す」と強調した(14)。

　以上の3工場にみたように、九州地区のみでも自動車産業に大きなうねりが生じている。本書第6章に詳しいが、福岡県では北部九州地域における自動車生産台数を150万台に達すべく「150万台会議」を設け、福岡県を国際的な自動車産業拠点として位置付ける活動を展開している。またトヨタが、愛知県以外で初めてエンジン生産に乗り出したことから、北部九州を「第2の「三河」」と呼称する見方も出始めている。

　自動車産業を注視しているのは中国地区も同じだ。中国経済産業局が中心となって推進している「中国地域産業クラスター計画」において、集積度の高い自動車産業を「先端的部材・加工分野」とみなして、その産業ポテンシャルの変化をも目指そうとする活動が行なわれている(16)。

自動車メーカーの戦略として、既存工場の生産台数を増やしていくのはもちろん望ましい方向性であろうが、工場が立地する地域もまた、当該地域の生産台数の増加を自らの産業力アピールへとつなげていく。その弧が大きくなったのが、国際的な自動車産業連携の可能性として中国、北部九州の日本海沿岸と韓国の自動車産業集積を1つのくくりとみなし、その円内での自動車生産台数をアピールする動きである。韓国に立地する現代自動車やルノー三星、起亜自動車、GM大宇の生産台数と、中国、北部九州地域のそれを加えると実に400万台もの年産台数になる[17]。この半径250km圏内の円内で、日本の生産台数の約半数を占めるとなると東海地域に匹敵した自動車産業集積地が形成されることになる。「世界でも屈指の自動車生産拠点となる可能性[18]」が秘められているのが当地区なのだ。

3　数字にみる中国・九州地区の自動車部品産業

　では、両地区における部品産業はどのような展開をみせているのだろうか。
　図表5-①、②には、中国、九州両地区における自動車部品出荷額の推移を表した[19]。駆動・伝導・操縦装置部品とは、クラッチやジョイント、プロペラシャフト、ステアリング装置など、懸架・制動装置部品はショックアブソーバやブレーキシリンダなどが大まかなくくりである。
　まず両地区をみて判断し得るのは、シャシーや車体といった大きな部品が部品生産の主となっていることである。自動車のいわ

図表5-① 中国地区の自動車部品出荷額推移（従業者4人以上の事務所）

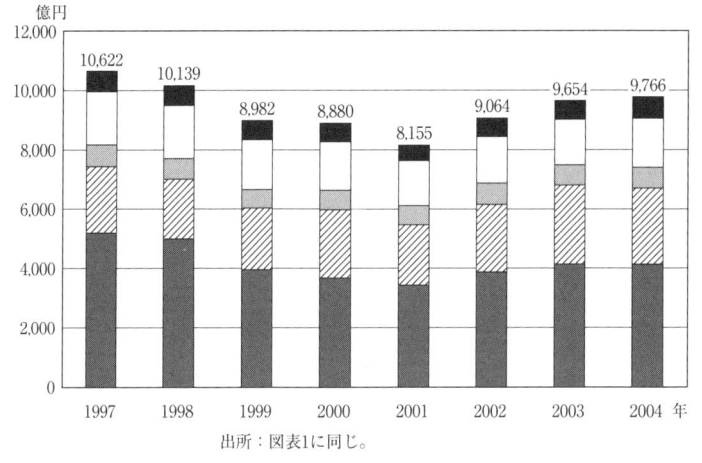

億円

年	合計
1997	10,622
1998	10,139
1999	8,982
2000	8,880
2001	8,155
2002	9,064
2003	9,654
2004	9,766

出所：図表1に同じ。

図表5-② 九州地区の自動車部品出荷額推移（従業者4人以上の事務所）

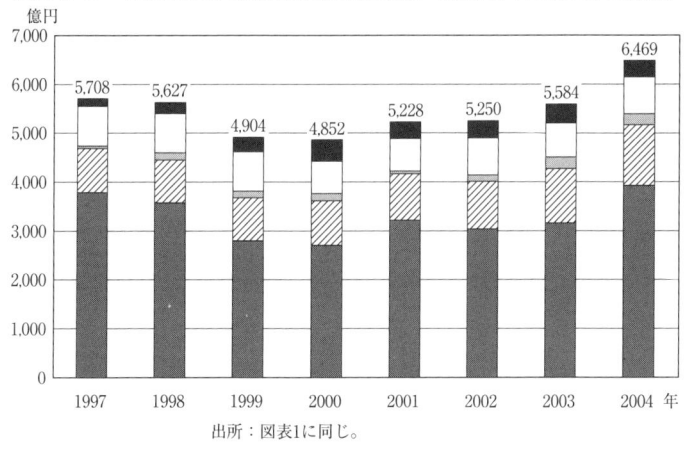

億円

年	合計
1997	5,708
1998	5,627
1999	4,904
2000	4,852
2001	5,228
2002	5,250
2003	5,584
2004	6,469

出所：図表1に同じ。

凡例：
- ■ 自動車用内燃機関の部分品・取付具・附属品
- □ 駆動・伝導・操縦装置部品
- ▨ 懸架・制動装置部品
- ▨ シャシー部品、車体部品

第4章　中国地区・九州地区自動車・部品産業の集積と地域振興の課題

図表6-① 中国地区における輸送用機械器具製造業出荷額と自動車部品出荷額の推移（従業者4人以上の事務所）

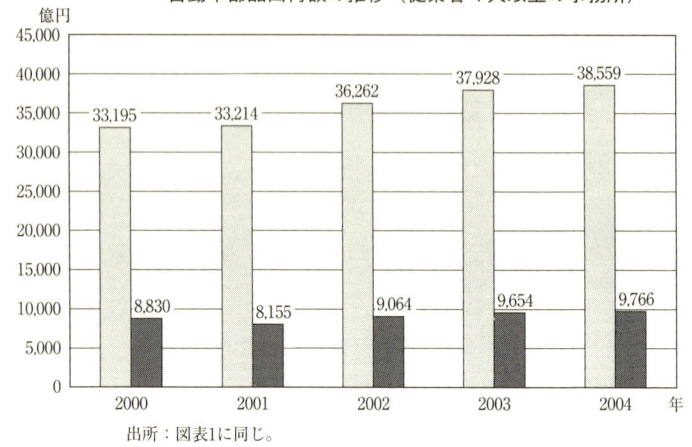

（億円）

年	輸送用機械器具製造業出荷額	自動車部品産業出荷額
2000	33,195	8,830
2001	33,214	8,155
2002	36,262	9,064
2003	37,928	9,654
2004	38,559	9,766

出所：図表1に同じ。

図表6-② 九州地区における輸送用機械器具製造業出荷額と自動車部品出荷額の推移（従業者4人以上の事務所）

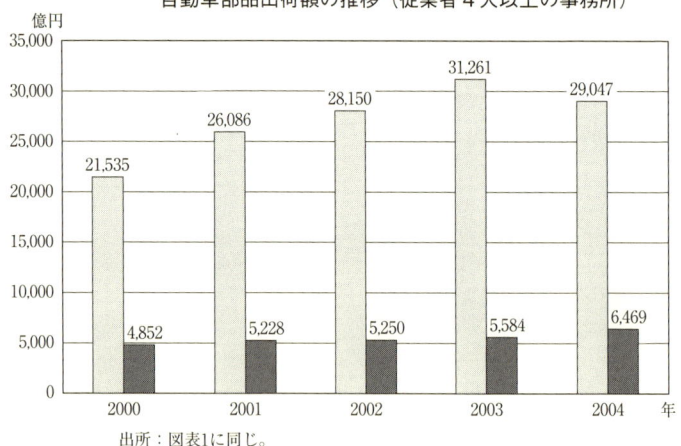

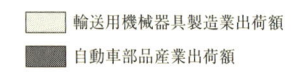

（億円）

年	輸送用機械器具製造業出荷額	自動車部品産業出荷額
2000	21,535	4,852
2001	26,086	5,228
2002	28,150	5,250
2003	31,261	5,584
2004	29,047	6,469

出所：図表1に同じ。

ゆる内装、外装にあたる箇所であるが、大もの部品であるがゆえ、そのほとんどは自動車組立工場の近隣から納品されていることが多い。

両地区を比較すると懸架・制動装置といった自動車本体の性能に重要な部品は九州地区では比重が低いことが指摘できる。これら重要部品の調達には、地場企業も含めて随伴進出企業からの調達もまだ進んでおらず、東海や関東地区などから購入していることが推測されよう。

また、図表6-①、②は両地区の輸送用機械器具製造業の出荷額と自動車部品のそれを時系列に示したものであるが、やはり注目を要するのは九州地区のグラフである。中国地区においては輸送用機械器具製造業の伸びに伴い、部品出荷額も減少傾向にある年もあるものの、同様の伸びを示している。しかしながら九州地区のそれは、輸送用機械器具の大幅な出荷額増加がある年でも微増に留まっている。この背景を次節でみていきたい。

4 中国・九州地区における自動車部品産業の展開

先述のとおり、自動車を1台生産するにあたり、使用される部品は何万点にも及ぶ。それだけの裾野産業が実際に両地区内で稼動しているのだろうか。ここでは一例として、本社機能をもたない自動車組立工場が立地する九州地区に目を向けて考えたい。

下記は、筆者が行なった自動車組立メーカーに対するインタビューのうち、サプライヤー（協力部品企業）に関しての話をまとめたものである。

・自動車組立メーカー A社

――現地調達の拡大は視野に入れているが、地場ではコスト的なメリットはあるもののやはり品質問題が一番のネックとなってくる。地場メーカーにそれをどのように浸透させるのか、が問題となり、長期的なスパンが要されよう。

――ティア1、ティア2をはじめとした自社の生産方式に慣れ親しんだ部品メーカーが、地場の他部品メーカーに赴き改善活動等を行うのが望ましい。

――生産能力の拡大に伴った部品開発、調達も現時点では全て他地域にある本社が行なっており、海外に進出する際も同様である。また、進出先の地場部品メーカーの1つ1つを見て回ることはできない。以前より付き合いにあるメーカーに提案をしていく、という活動を続けていく。

――結局のところ、地場で調達が可能なものは設備やエンジニアリングといった、直接自動車生産には関わらない分野であるのが現状である。

・自動車組立メーカー B社

――車で1時間以内のところにティア1企業が43社ある。これらの企業には、同期生産に併せて部品も生産してもらう。ただし、地場資本企業はなく、地場の採用は難しいのが現状である。経験がモノを言うところが大きい上に、地場企業の情報も少ないため、採用までにはいたらない。

――逆に設備や素材メーカーは充実している。当社で採用して

いる地場企業もある。

・自動車組立メーカー C 社

　―調達率は域内、点数ベースで7割ほどである。ただし、地場資本ではない進出部品メーカーがそのほとんどであり、純粋な地場メーカーとの取引はわずかしかない。

　―自動車メーカーのティア1になるためには、一長一短というわけにはいかない。何十年もかけた歴史を踏まえていないと車の部品作りには携わることができない。設備への投資、技術への投資も決して小額ではすまないコストとなる。10年以上前に当地区に進出してきた他自動車メーカーと取引のある純粋地場メーカーも、まだ半人前レベルであろう。

　以上は、2005年から2006年にかけてのインタビュー結果であるが、驚くべきは純粋な地場企業との結びつきの弱さであろう。C社にみるように、点数で7割近くを調達していても、「金額ベースでは半額以下」なのが現状である。その背景には日本の自動車産業が培ってきた、組立メーカーとサプライヤーとの強固な協力関係がある。従来のような系列体制はあまり論じられなくなったものの、やはり組立メーカーとそのサプライヤー間にはピラミッド型の産業構造体制が根強く残っている。ここに国際的な再編劇の中で、この構造の中に海外企業が参入し、その結果、同分野での競争が激化されただけで、本質的な構造はほとんど変わっていない。

組立メーカーが他地域に進出するにあたり、強制では無いとされるもののティア1、ティア2の位置にある大手サプライヤーがそれに付随して同地域に進出していく。そこで従来あったように車の生産が行なわれるのであるから、地場企業が介入していくのは非常に難しい。

2006年4月には、自動車ランプ生産の大手メーカー、市光工業㈱の生産子会社、九州市光工業㈱が、九州地区の自動車メーカー各社工場向けランプ供給をより強固にするべく、既存工場とは別に新工場建設に乗り出し、部品から完成品組立までの一貫生産体制の確立に努めると発表した。2008年には年産115万個、売上高34億円を見込んでいるという。同じく自動車照明機器事業にあたる小糸製作所の生産子会社、小糸九州㈱も佐賀県での生産を開始した（2006年）。これは九州地区にみられるサプライヤー群の新たな動きの一部分であるが、この動きからも大手サプライヤーが色濃くしていることが判断できよう。

この流れでは、純粋な地場企業からすると、自社が介入する余地は無くやはりチャンスには恵まれないと捉えられるかもしれない。「自動車関連の仕事では、「価格」の厳しさを痛感」しており、また「提案の状況を作り出すことも難しく、見積を出しても厳しい状況[20]」とする地場企業の声もある。

しかしながら、必ずしも組立メーカーらが門戸を閉ざしているわけではない。地場企業には「車産業に携わっていく企業として、品質や納入回数を満たすだけの企業がないのが現状」（自動車組立メーカーC社）との厳しい声もある。実際に部品メーカーとして進出してきたティア1企業からも同様な声が聞かれる。

・ティア1-A社（本社；関東地区）

　—当地区での現地調達は購入額で10%程度。本社で集中購買体制を採っているため、部品の発注権は、本社購買課にある。そのため、当地での域内調達は高いレベルに達していない。

　—なお、上記10%の内訳は小物・成形品である。ただし、共通部品は関東で一括購入されているため、専用部品のうち特殊な製品のみを当工場で地場から購入している。

・ティア1-B社（本社；東海地区）

　—品番ベースで、地場から41%、東海地区から59%を調達している。東海地区から調達する部品は主に基幹部品にあたる。これらの部品は東海地区で購入して当工場に4回／1日納入される。

　—なお、上記を金額ベースに換算すると東海地区から8割近くを納入していることになり、ほとんどが大もの部品である。

　—中国地区にある同社工場からも部品を購入しており、当工場に2回／1日納入される。

・ティア1-C社（愛知県企業の子会社）

　—部材は中京、大阪圏に比べると、やはり安価ではある。コストを削減していかなければ、これからの自動車産業には携わっていけない。ゆえに、地場からの調達も望んではいるがさほど緊急性は要していない。どちらかと言えば、地場より調達する部品は小物類がメインであり、TOTO向け製品を生産し

ていた企業から調達している。

　—部品は、東海地区から5割、地場から5割を調達している。共通部品が多い箇所に関しては、そのほとんどを東海地区から調達している。共通部品が多い（全体の7～8割は共通部品）、ということは、取引企業に対して細かい点を逐一注文しなければならなくなる。そのようなことまで踏まえると、やはり中京圏からの調達は便が良い。

　これらティア1企業の地場企業に対する見方は、「当社が地場メーカーを育てていく意気込みはあるが、実際に地場にそれほどの数の工場がない。また自動車関連に参入していくと、20年間はそれを保持しなければならないため、逆に地場工場にとって「迷惑」になるという感も否めない」（ティア1-B社）という声や、「地場企業に、もっとノウハウを有した企業がないと当社としては使いにくい。ただし、地場企業からの取引打診もほとんど無く、「競争」という側面に欠けている感が否めない。営業機能を担当する能力がないのだろうか。部品企業だけではなく、地場物流業者にも自動車産業に対応していく意識を高めて欲しい。JITに対応できる近距離さが当地のメリットであるため、納期・デリバリーといった重要さの意識に欠けることは非常に大きなマイナス要因となる。新日鐵の傘下にあった当時の「鉄屋」的な意識が当地には根強いとも感じられるので、意識改革が必要だろう」（ティア1-C社）という声に大きく反映されている。例えばプレス品一つを例にみても、技術的な問題は無いにしろ、「規格にあっていればい

い」とする発想では「自動車産業に携わってはいけない」。「この産業に携わる以上、徹底したところを目指すべき」であり、東海地区には「この意識が徹底されて」いる。その意識を強くして、自動車産業に参入していく姿勢が必要なのだ。

そして「地場にも発注可能な共通部品があるとすれば、地場企業には品質レベルでの意識が必要とされる。当社の品質レベルでの診断を受け、ある程度の数字をクリアしなければ本社の品質課から購買課に対して取引ストップがかかる。それほどの意識を地場企業には有してもらいたい」(ティア1 -A社)。これらを乗り越えてこそ、九州地区の自動車産業集積はより深みを増すのである。

先述のホンダ熊本製作所では、浜松製作所での製品が当地で生産されるにあたり、浜松地域のサプライヤーが進出して集積地の更なる拡大が期待されているという。地場の雇用拡大のみならず、地場企業も自動車産業に参入していく踏ん張りどころであろう。

5 地場企業と進出自動車、サプライヤー企業の関係

しかしながら、地場企業の努力もさることながら、進出自動車メーカーやサプライヤー側の地場企業との関係構築もやはり必要になってくる。お互いに好適な関係を作るために、必要となってくるのは行政などの第三者機関であろう。部品を採用する側も、初めての地であればどのような企業がどのような技術を有しているのか把握できず、部品を納入したい側も採用側のどこに部品をみせ、提案をしていいのか情報を有していない。ここに九州地区の地場企業の例を挙げよう。

地場 A 社は、金属プレス製品の製造、金型及び付属品の製造を行なう、九州地区に工場を構える企業である。1960 年代に設立されているが、設立当初より自動車産業に携わっていたのではない。1970 年頃弱電など電装品をメインに生産をしていたが、その仕事が少なくなってきたため、「これからは自動車」、と矛先を変え、自動車産業に乗り出したという。現在では売上高の約 7 割をも自動車関連の仕事が占めている。

　創業者が地元の出身者であること、また他と比べて土地や賃金が比較的安価であったため、企業規模が大きくなっても当地から離れることはなかった。また、現在のメインである金型は 1 品モノであるため、量産品とは異なり、物流コストを考える必要がなかったのも当地に留まった一要因である。プレス製品も創業時に開始しており、マツダ／広島まででではあったが、金型を作って量産体制で納入もしていた。しかしながら、ここまで規模を大きくし、自動車関連の仕事を増加させていっても、その取引先は東海地区が 3 割、関東圏が 2 割、残りは中国－広島圏に留まっている。九州地区からの受注はほとんど無い。九州内に購買課を持つティア 1 メーカーがほとんど無いことがその原因となっている。

　詳細は別章にみるが、地域が集積構築を進めていくとき、やはり行政の力が必要不可欠となってくる。これら地場企業の声を重視して、各行政はより一層の集積深化に努めていかねばならない。

6　中国・九州地区における自動車産業集積の特徴

　以上にみてきたような中国、九州両地区においてその自動車産

業集積のメルクマーレとなるのは「本社」機能の有無であろう。進出自動車組立工場のほとんどが、その労働力や土地資源の豊富さをメリットとして、工場を新設していった九州地区。そして、あくまで創業者の誕生の地として本社を置いてきたマツダ・中国地区ではその集積の性格を異にしており、その違いが、部品調達などの企業活動に影響を与えている。

　先に九州地区の部品調達の現状を企業インタビューからみてきたが、その性格が異なっている点をまず中国地区、マツダの歴史に沿ってみてみよう。

7　マツダの歴史にみる地場とのつながり

　本章でみる自動車メーカーのうち、唯一、本社を当該地区に置くのはマツダのみである。

　腕のいい職工であった松田重次郎が、企業設立、失敗と紆余曲折を経て、ようやく広島の財界にも広く知れ渡るようになった1920年（大正9年）、東洋コルク工業の取締役に就任したところからマツダの前進である東洋工業の歴史は始まる。東洋コルクは瓶のコルク生産に従事していた会社だが、1925年に倉庫からの失火で工場を失ってしまう。その再建を図るさいに松田重次郎が行なったのは、自分の本業である機械業を前面にたたせる工場をも設立することだった。1927年に東洋コルク工業は東洋工業㈱へ改名し、自動車産業へ参入していく。

　日本の自動車組立工場を大まかに分けると、日本各地域に工場を分散させるトヨタや日産、ホンダのグループと、ある一定の域

内に工場を集中させるスズキ（静岡県）や富士重工（群馬県）、マツダといったグループに区分できる。マツダは先にみたように、広島県と山口県にまたがって工場を設けており、中国地区を代表する自動車メーカーとしてその存在感を強くしている。このような後者グループの特徴は、自動車メーカーとしては中堅規模ではあるが、地元との密なつながりが、他メーカーに比べ際立っている点にあろう。マツダの全身である東洋工業の歴史を振り返ってみると、その地元とのつながりを強調する出来事が記録されている。

東洋工業、マツダといえばロータリーエンジンが有名である。1967年に発表したロータリーエンジン搭載車「コスモスポーツ」が爆発的に売れ、1966年には31.9万台の生産台数が67年には40.4万台、68年には47.5万台とその数字を大きくし、国内ではトヨタ、日産に次いで3位の座を占めるほどになった。この勢いを拡大すべく、海外における販売も強化するためにマツダ・モータース・オブ・アメリカが設立されたのもこの次期である（1971年）。

しかしながら、好調が続くかと思われた1973年、オイルショックに襲われ、それに加えてアメリカ環境保護庁が公表した車種別燃費状況の調査資料が東洋工業を窮地に立たせた[21]。東洋工業のロータリーエンジンは、「最も燃費効率の悪い車という烙印を押され」たのである。「"夢のエンジン"」であったはずのロータリーエンジンは、一転して「"悪魔のエンジン"」となってしまった[22]。

その窮地を救ったのが、東洋工業が本社を置く地元、広島の人々である。東洋工業が社員一丸となり、その困難を乗り越えるべく

日夜必死になって在庫の山となった東洋工業の車を販売していった努力もあるが、広島の人々の「"愛郷心"」もそれに大きく加担した。広島商工会議所会頭経験者7人が世話人となって"郷心会"を結成し、「表向きは郷土産品愛用運動、実際は東洋工業支援の"バイマツダ運動[23]"」が展開されたのである。

　東洋工業のボーナス支給が遅れると、地元百貨店の売上が例年の6%減、地元一の繁華街も大きな影響を受けると言われた地元への影響力－自動車メーカーとその協力企業を含めた地元とのつながりは非常に大きく、東洋工業の業績傾斜は地元にとっても軽視できないものであったのだ。"バイマツダ運動"の結果、「広島県庁の車の85%がマツダ車」に、「バキュームカーにはマツダの車」が、広島県知事も支援し「県の自動車税において低公害車に有利な税制[24]」を敷くにまで至った。

　このような地元の応援に加え、自社努力の甲斐もあり東洋工業の経営難は一段落ついたのである。

　上記の過程を踏まえて、東洋工業は見事復活を果たす。

　現在でもマツダには大きく分けて以下3つの協力団体がある。東友会協同組合、翔洋会、郷心会[25] がそれである。

　東友会協同組合は、1952年に当時の東洋工業と取引関係のある協力会社20社の任意団体として発足している。現在では66社もの企業が名を連ねており、主としてパワートレイン系製造を担当する素材（鋳造・鍛造）及び機械加工メーカーで構成される第1部会、車体系の部品の製造を担当するプレス、板金、塗装メーカーで構成される第2部会、内装、外装、排気系部品の製造を担当す

るメーカー及び設備・金型メーカーで構成される第3部会に分かれ、マツダの車づくりをサポートする技術系の企業集団として互いに情報提供や技術協力などを行なっている。

　翔洋会もマツダの関連会社を中心として会員会社相互の交流と発展を図ると共に、マツダグループの永続的発展を目指して1993年に設立された組織である。自動車部品関連企業をメインとしていた東友会とは異なり、部品系の他に物流系、一般製造系、販売サービス系企業の4グループに分かれており、企業総数21社で活動している。自動車産業に重要視されるJIT体制を重要視している物流系や、これからの自動車生産に必要不可欠とされる視点－省資源化、環境クリーン化など幅広い分野と技術によって自動車領域の開発を目指す一般製造系など、裾野部分でマツダを支えている。

　最後に、郷心会であるが、これは先述のマツダ史の流れで"バイマツダ運動"を展開した団体と同一団体である。自動車産業に携わる企業のグループというよりも、広島県内製品の販売促進活動、マツダ車拡販支援活動、会員交流を行い地域経済の活性化を推進する団体であり、会員企業の活動を手助けしながら、マツダ車のPR活動を進めていくことを目的としている。他自動車メーカーをみても、協力部品企業として東友会、翔洋会のような性格を有する団体がほとんどであり、この郷心会のような団体が自社をPRしてくれる団体があるメーカーは稀であろう。マツダがいかに地場企業として、地元と歩んでいるのかが分かる一例である。

■おわりに─中国・九州地区における自動車産業の今後

　モノづくりにあたり、企業が重点をおくのは開発機能だ。自動車産業でももちろんそれは絶対視され、車のデザイン開発やエンジン開発など多岐に渡る項目で開発活動が行なわれる。特に人身に大きく影響する製品であるため、自動車の基幹部となるパーツには自動車メーカー各社が力を入れている。

　北米日産自動車社長、カルソニックカンセイ会長を歴任した大野陽男氏は、日本自動車産業の競争力を日本型開発、生産、取引システムに区分し、そのうち日本型開発システムを「車両の計画・設計段階に部品メーカーが参画し、自動車メーカーと協同で構成要素の計画・設計作業を行う開発方式」と特徴付けた[26]。そこから考えると中国、九州両地区にとって非常にマイナスとなるのが、進出自動車メーカーにほとんど技術開発機能が存在しないことである。

　ダイハツ九州には、技術部が設けられており、産技術室、特装開発室がその下におかれている[27]。特装開発室は特装車に関する研究・開発を行う箇所で、全て九州で行っている。将来的にはトラックも特装車に関係するので、九州が担うことになっている。技術部には60名の従業員が、うちダイハツ工業からのゲストが20〜30名いるが、トラックの開発を行う頃までには順次増やしていく予定であるという。ただし、開発部門そのものはダイハツ工業に置かれており、他メーカー、トヨタや日産もそれぞれ本社のある愛知や神奈川県で技術開発を行っている。

三菱自・水島製作所もしかり、である。従来、水島製作所では航空機技術者を中心に工作部技術課が設けられていたが、1951年には名古屋製作所へ集約されている。以降、1955年には「生産現場と密着した開発部門を望む声が強くなり、開発グループの一部が名古屋製作所から復帰」してジュピターやレオ、軽四輪車の開発が行なわれ、1969年まで開発活動が行なわれていたものの、現在では岡崎地区（名古屋製作所内）、京都地区（パワートレイン製作所京都工場内）の2拠点に再び集約されている[28]。

　このように技術開発拠点を有するメーカーは数少ないものの、中国、九州地区の自動車産業にパワーがあふれているのは本章のはじめに記したとおりであり、パワーの源となっている自動車組立メーカーや協力部品企業はもちろんのこと、地場企業にとってもこれからチャンスを見出せる余地は充分にあるのではないだろうか。

　それは、両地区がアジアに近い点をメリットとしていることからも考えられる。日産の九州工場は、日本国内のどこでつくるか、ではなくグローバルな視点にたち全体を俯瞰してどこで生産するかを考えて設けられた工場である。自動車のグローバル化が進む今、自動車自体に共通部品が多いことを考えれば、部品をどこで作ればいいのか全体像の中から捉えることが必要とされよう。日本対海外、の図式ではなく世界地図からみたアジア地域のハブ機能として、中国、九州両地区はこれから集積の濃度を高めていくことができると筆者は考える。

　また、自動車開発に向けたベクトルが多様化していることもチャンスの1つであろう。自動車の軽量化や環境への対応から、

各企業が研究開発、技術開発を行なう分野は多岐に渡ってくる。中国、九州地区の企業はそれぞれの土地で培ってきた自社の技術を発揮していくときなのかもしれない。両地区には、自動車や造船、半導体といった高度加工産業の集積が蓄積されている。それを前面に出してアピールする姿勢が望まれる。

そのためにも、くり返しになるが、昨今の自動車組立メーカーの活況と地場企業の技術力とを上手につなぎあわせ、組立メーカーから発する仕事がこの地域内で完結される努力が、双方と地域行政には必要とされてくるのである。

【参考文献・資料】
経済産業省「工業統計」各年。
日産自動車株式会社『日産自動車三十年史』1965 年。
日産自動車株式会社『日産自動車社史 1974～1983』1985 年。
日本政策投資銀行 九州支店大分事務所『クラスター融合の時代へ——九州地域における自動車産業と半導体クラスター——』2005 年。
三菱自動車工業株式会社『三菱自動車工業株式会社史』1993 年。
宮本敦夫『広島に育つ名車の伝統 東洋工業』朝日ソノラマ、1980 年
本田技研工業 web site（http://www.honda.co.jp/）
中国経済産業局 web site（http://www.chugoku.meti.go.jp/）
東友会協同組合 web site （http://toyukai-ac.or.jp/company.html/）
翔洋会 web site （http://www.hiroshima-cdas.or.jp/shoyokai/index.html/）
郷心会 web site（http://www.kyoshinkai.jp/）

【注】
(1) 2007 年 2 月 5 日には、フォードが自身の持株会社、フォード・オートモーティブ・インターナショナル・ホールディング・エス・エルに替わってマツダの筆頭株主（39.9%）となった。
(2) トヨタ自動車九州㈱筆者インタビューより（2005 年 3 月 4 日）。
(3) 新エンジン工場の総投資額は約 100 億円。大分県中津市の九州工場からは約 80km と近距離にある。

(4) 日産車体湘南工場の一部が閉鎖され、閉鎖分が日産自動車九州工場へ移転したもの。新工場の総投資額は300億円で、従業員数は1000人の予定。
(5) 三菱自動車工業株式会社『三菱自動車工業株式会社史』1993年、P902。
(6) 以降、1935年11月に国産工業㈱に社名変更、1937年には㈱日立製作所に吸収合併されている。
(7) 当時、なお2007年現在は約236万㎡。
(8) 日産九州工場筆者インタビュー時の数字(2005年3月3日)。
(9) 経済産業省「工業統計」平成16年より。付加価値額は全体の14.4%を占める。
(10) 経済産業省「平成18年度設備投資調査」。なお、平成17年度の値は実績見込額、平成18年度は計画額。
(11) 九州地区の各県における自動車産業政策に関しては、第2部第3章を参照されたい。
(12) 注(2)に同じ。
(13) 本田技研工業 web site http://www.honda.co.jp/ より。
(14) 「西日本新聞」2007年2月7日。なお浜松製作所では世界規模で需要が高まっているオートマチックトランスミッション(AT)の生産体制が強化される。
(15) 日本政策投資銀行 九州支店大分事務所『クラスター融合の時代へ——九州地域における自動車産業と半導体クラスター——』2005年、P12。
(16) 中国経済産業局 web site 参照。それによると、従来形成されてきた幅広い自動車産業集積を活用し、「自動車軽量化の観点から高張力鋼板やマグネシウム合金等の加工技術の研究」や「環境への対応の観点からポリ乳酸等生分解性プラスチック等の利用技術の研究」が行なわれており、国内外での自動車生産競争が激化している中で、研究開発を重視した活動展開を当地域の特徴としてアピールしている。
(17) 韓国自動車工業協同組合 専務理事 高汶壽氏によると、2004年の生産台数は現代自154万台、ルノー三星25万台、GM大宇24万台(2006年3月9日「日中韓自動車産業フォーラム in 北九州」より)。
(18) 前掲『クラスター融合の時代へ——九州地域における自動車産業と半導体クラスター——』P13。
(19) 自動車用ガソリン機関やディーゼル機関などは、産出事業所が限られているため工業統計調査においてはほとんどが秘匿となっている。よってここでは自動車部品の対象外となっている。
(20) 筆者インタビューより(2005年11月18日)。
(21) 宮本敦夫『広島に育つ名車の伝統 東洋工業』朝日ソノラマ、1980年、

P60〜69参照。
(22) 同上書、P69。
(23) 同上書、P77。
(24) 同上書、P78。
(25) 詳細は各団体のWeb site参照。
(26) 大野陽男氏講演「日本の自動車産業の特徴」(2005年12月、上海自動車フォーラム)より。
(27) ダイハツ車体㈱（当時）筆者インタビューより（2006年2月24日）。
(28) 前掲『三菱自動車工業株式会社史』P911。

第5章

北部九州進出企業の部品調達の現状と地場企業の課題

藤樹邦彦

■はじめに

 本章では、北部九州地域に進出している自動車メーカーや部品メーカーの購買政策の現状を述べるとともに、その影響下で自動車ビジネスへの参入拡大をめざす地場企業の課題について取り上げる。

 第1節では、自動車メーカーの世界最適調達の実情と北部九州地域で重要な購買政策となっている調達の現地化など特徴的な取り組みを紹介する。

 第2節では、調達の現地化に対応して、自動車ビジネスへ参入拡大を図っている地場企業の課題を取り上げる。もともと北部九州地域は鉄鋼を中心にして半導体やロボット関連など多様な企業が存在し、もの造りに関してはポテンシャルの高い地域である。従来から高精度で付加価値の高い仕事をしている地場企業もあり、これらの企業は自動車分野でも能力を発揮して関東や東海地域の中小企業にも負けない評価を得て、現在多忙である。ただ地

場産業の中には、多品種変量、量産、継続的コストダウンといった自動車産業のニーズに対応することにとまどいや苦手意識を持っている企業も多い様に感じている。このような企業に対しては各自治体や地元の自動車メーカーなど大手企業も支援を強めていく方針を固めており、多くの地元企業が自らの努力に地域からの支援を加えることによって、様々な課題を克服して優れた自動車部品を九州で生産することが可能になるものと確信している。

■1　北部九州進出企業の部品調達の現状

　本書別稿で詳細が述べられているように、北部九州地域では自動車メーカーの能力増強が続いており、トヨタ九州、日産、ダイハツ九州を合わせた四輪車の生産台数も年々増加している。2005年度には90万台を突破し2006年度は100万台を超えるのは確実となり、150万台構想も現実味を帯びている。部品メーカーの進出も相次ぎ、北部九州地域は日本の自動車メーカーのグローバル戦略を担う重要拠点となっている。

　北部九州地域に進出しているこれらの自動車メーカーや部品メーカーは子会社や工場であり、中でも社外分社をした製造子会社が進出企業の多くを占めている。トヨタ自動車九州やダイハツ九州は、それぞれトヨタ自動車、ダイハツ工業から分社化されたものである。部品メーカーの代表的な製造子会社にはデンソー北九州製作所やアイシン九州、ＣＫＫ（カルソニックカンセイ九州）などがある。社外分社の目的は、権限を子会社へ委譲することに

よる意思決定のスピードアップや賃金体系を親企業と別体系にすることによる人件費削減などがあげられる。従ってこれらの子会社は製造機能に特化しており、基本的には研究開発や設計、資材調達などは親企業が分担している。

1 本社や親企業の調達部門が取り組む重点購買政策

従って北部九州へ進出している企業が必要とする資材の調達については、一部を除いて基本的には本社や親企業が行っている[(1)]。地場企業が今後自動車ビジネスに参入し事業拡大を進めるためには、これらの親企業や本社の購買政策を的確に把握し、親企業や本社へのアプローチを強化することが重要である。

車づくりは自動車メーカーを中心にして一次、二次、三次部品メーカーなど多段階の生産分業で行われており、自動車メーカーの購買政策が一次部品メーカーを経由して二次、三次などいわゆるサポーティングインダストリーへも大きな影響を及ぼす。そしてそのサポーティングインダストリーの大多数が地場企業である。

(1) 加速する日本の自動車メーカーの「世界最適調達」

部品調達部門の役割は、簡潔に言えば「部品メーカーの力を最大限に車づくりに結集させること」。車は、設計開発、調達、生産などの過程を経由してお客様へ納車されるが、部品メーカーはそれぞれ専門化した機能を発揮して車づくり全般に関わっている。中でも車の製造原価の70％～80％を占める調達価格を決定

図表1　日本の自動車メーカーの購買政策の変遷

年　代	主な購買政策	背　景
1945～60	部品メーカーの系列化 ・資本参加　役員派遣 ・生産・品質ノウハウ移管 ・協力会設立	モータリゼーション前期 機振法による部品工業振興 下請代金支払遅延等防止法 国内市場の急速な拡大
1960～70	部品メーカーの近代化支援 ・設備投資の積極化 ・欧米からの技術導入 ・合併など再編成 納期確保、コストダウン	貿易・資本の自由化 マイカー時代の到来 大規模組立工場の建設 生産増大　車種数増 生産台数世界第2位へ
1970～85	部品メーカーの経営改善支援 ・TQC展開　QA賞導入 ・JIT導入 ・開発力強化 ・計画経営	2度のオイルショック 輸出拡大　貿易摩擦 自動車生産世界一へ 公害・欠陥車問題・リコール制度 排ガス規制強化
1985～95	合理化コストダウン ・大幅コストダウン ・デザイン・イン 開発力強化（環境・安全）	プラザ合意　円高 海外現地生産進展 バブル崩壊　国内成熟化 車の高機能・高性能化
1995～	世界最適調達への転換 ・世界最適サプライヤー選定 ・世界最安値の実現 ・調達情報の拠点間共有 ・戦略的M＆A	円高進展 サプライヤーの海外進出急増 海外生産台数が輸出台数を超過 国際再編の激化 工場閉鎖　リストラ

出所：筆者著『変わる自動車部品取引』2002年、エコノミスト社136頁を加筆修正

する権限と責任が調達部門には与えられているので、この面から優れたサプライヤーを発掘・選定して全社のコスト低減に貢献していくことが調達部門の最重要機能である。

　日本の自動車メーカーの購買政策は、その時代の環境変化を反映して様々な変遷（図表1）を遂げているが、1990年半ばに1ドル70円台を記録した超円高を契機にして「世界最適調達」の流れが加速している。一次部品メーカーだけではなく二次以下の部品メーカーもこの流れにどのように対応していくか、厳しい経営

の舵取りが必要な時代となった。

①日系部品メーカーの活用

　世界最適調達とは、要約すれば"世界の拠点へ安価で同質な部品を安定的に供給すること"である。その実現のためには2つの要件が必要である。第1には「ローカル化」の実現、すなわち調達の現地化である。関税や物流費用などを考えれば世界の各拠点に日本から部品を送ること自体意味が無くなり、現地サプライヤーとの取引拡大を図っている。

　第2には「集中化」すなわち集中購買(2)の強化である。調達の現地化を図ることは良いとしても、そのことによって各拠点が勝手に拠点最適で取り組んでいては統一性が失われて結果的には高く付くことになる。各拠点でのサプライヤーや調達価格の決定を本社が集中管理して世界最適化すること。集中化によって調達する量をまとめ、交渉のバーゲニングパワーを発揮し価格交渉を優位に導くことは基本的な購買手法である。ルノーと日産、フォードとマツダなど提携した企業同士で共同調達を行なうのも集中購買のメリットを引き出すためである。また日本の自動車メーカーは、鉄鋼やアルミ、汎用樹脂などの原材料については系列グループ全体の必要量を一括して集中購買することを古くから実施している。

　世界最適調達は、現地調達の推進と集中購買の強化という一見矛盾する2つの要件を世界的な規模で同時に実現することによってその目的を達成することになるが、日本の自動車メーカーは海外においても日系部品メーカーを活用することでその実現を図っ

ている。「日本車の海外拠点の部品調達ルートは、現地に進出した日系部品メーカーからの調達が5割、日本からの輸入が2割、現地地場企業からの調達が3割である。(3)」とあるように、日本の自動車メーカーの海外拠点の現地調達率は80％。調達の現地化はかなりの程度進んでいると言ってよい。中でも現地へ進出した日系部品メーカーから50％、それに日本からの輸入20％を加えると70％が日系部品メーカーからの調達である。日本の部品メーカーには歴史的な経過を経て多くのQCDに関するノウハウが日本の自動車メーカーから移転・蓄積しており、調達の現地化を図る際にも日系部品メーカーを活用することが高品質で魅力的な車づくりには欠かせないとの日本の自動車メーカーの意思が強く働いているのも事実である。海外進出の際には日本の部品メーカーに対しても進出を要請し「日本型サプライヤー・システムの国際移転」と言われるほど互いに歩調を合わせてきている。

　日本国内では日本の部品メーカーからの調達が圧倒的な比率を占めており、それに海外を加えることによって、「集中化」による大幅なコストダウンも可能となる。

②欧米製部品調達の拡大

　販売台数が1600万台を超える世界一の米国市場で日本車の需要が毎年拡大しており、2006年には販売シェアが34.8％と過去最高を記録している。日本の自動車メーカーは旺盛な日本車需要に応えるために生産の現地化に取り組んできたが、二輪を含めて北米での生産拠点が20ヶ所を超えている現在も、トヨタやホンダなどは更に組立工場の増設計画を発表している。

生産拠点の増強に伴い米国での現地部品調達額も大幅に伸張している。1980年代にMOSS（二国間市場重視型分野別方式＝Market Oriented Sector Selective）協議の合意に伴いそれ以降日本からのR&D機能の米国移転によるデザイン・イン環境整備などが図られてきたこともあって、米国製部品調達額は2004年で452億ドル（1ドル110円換算で約5兆円）となり、日米貿易摩擦がピークであった1995年時点の210億ドルから10年で倍増している。エンジンやトランスミッションなども現地製となって米国サプライヤーとの取引は飛躍的に拡大している。

　また同じく1500万台規模の欧州市場についても、最近数年の日本車販売シェアが12%〜13%と堅調に推移しているが、EU製自動車部品の調達も年々増大し、2004年では102億ユーロとなり1999年比で倍増している。

③ LCCS（Low Cost Country Sourcing）

　世界各地で調達の現地化を推進したことによって、LCC（Low Cost Country）[4]の価格レベルが明らかになって、それら価格をベンチマークすることによって全体の部品価格の低減が続いている。日産自動車が2005年から展開している「Value-Up」活動では、中国やタイなどLCC（日産ではLeading Competitive Countryと呼ぶ）との価格ベンチマークギャップを今後3年間で解消するような目標価格が設定されている。また部品群別に目標を提示しLCCからの輸入促進を求めるなど厳しいコミットメントを部品メーカーに要求している。これに対応するために自らの中国拠点を活用して日本へ部品輸入を始めるなどアジアに近い北部九州地域の部品

メーカーがその先鋒役を務めようという動きも見える。

トヨタ自動車ではCCC21 (Construction of Cost Competitiveness21) 活動で200部品あまりに絶対原価を設定したが、これは世界のサプライヤー各社のコストの中でのBest In Cost（材料費、加工費、組立費などそれぞれの項目で世界最安値）を目標値にしたもので、それを達成することで世界最安値の部品価格となる。また現在展開中のVI (Value Innovation) 活動では、コストダウンの対象をブレーキシステムや電動パワステなどシステム部品へ広げて世界最安値から更に10％削減をめざしている。

(2) 世界最適調達への部品メーカーの対応と購買政策

①現地調達の推進

日本の自動車部品メーカーは、自動車メーカーに歩調を合わせるように生産の現地化を進めてきたが、現在では海外生産拠点が1,475ヶ所、販売・研究開発拠点を含めれば全体で2,400拠点を突破している。[5]

生産が現地化されるとともに日本の部品メーカーも同様に現地調達に取り組んでおり、現在の現地調達率は全体としては60％程度である（図表2）。自動車メーカーの現地調達率80％に比べて差があるが、海外における現地ローカル企業活用という面では実質的には部品メーカーが主体となっている。部品メーカーがローカル企業の活用を進めざるを得ない理由としては、国内の二次部品メーカーの大半が中小企業であるため簡単には海外進出ができないということが大きく影響を与えている。しかし品質上の理由から海外の原材料やローカル企業の採用にも限界があることか

図表2　日本の部品メーカーの現地調達率推移

	全体	北米	欧州	アジア	アセアン	中国
2002年	68.6%	79.4%	70.0%	62.6%	64.1%	53.3%
2003年	64.2	65.3	65.2	65.2	64.7	51.0
2004年	59.9	62.7	70.1	57.0	60.2	47.1

出所：日本自動車部品工業会　海外事業概要調査

ら、中国などへ新規進出企業が増加している最近3年間の推移を見ると現調率は低下傾向にある。部品製造コストに占める調達コストが60%〜70%であることを考慮すると、部品メーカーとしては、コスト的には厳しい海外事業経営であるものと考えられる。今後は現地ローカルサプライヤーのキャッチアップを支援しながら、日本からの技術ノウハウの流出や投資負担増などの理由で後回しになっている「開発の現地化」をどのように推進していくかがカギとなっている。

　一方部品メーカーのグローバル拠点間で最適な部品供給ネットワークを構築しようという動きが活発化しており、北部九州地域の地場企業にとってはアジアの手強い競争相手との戦いが顕在化している。最近目立ってきたのが中国拠点を活用したコストダウン活動の推進である。日系部品メーカーの中国拠点のコストが日本より2割程度安い[6]ということが徐々に明らかになってくるにつれて、中国拠点を有効に活用したコストダウン活動を始めるようになった。労働集約的な工程を日本から中国へ移管したり、場合によっては、一部の部品生産をそっくり中国拠点へ移管し、そこから日本を含めて各国へ輸出するようになった（図表3）。つまり自ら「ローカル化」した中国拠点を活用して「集中化」によるメリットを生み出そうという動きである。中国とは近距離の北

図表3　中国拠点活用のコストダウン事例

一次サプライヤー	活用事例
N社	ハンドル本体を中国拠点へ支給し、皮巻き縫製後九州拠点へ　今後ウレタン成形や鋳造工程の中国移管を検討中。
J社	シートカバー表皮を中国拠点へ支給、縫製後九州拠点へ
C社	一部車種のインパネを中国から調達して九州拠点へ
M社	各種リレーは全て中国拠点へ移管。そこから世界の各拠点へ供給する。
I社	電動ミラーの格納ユニットの生産を、全て中国のミラー工場に集中。そこから世界各地の拠点へ供給する。
K社	カーオーディオやカーナビ生産の海外移転を推進。既に全生産量の70％の移転を済ませた。その大半が中国（現地生産や製造委託）。

出所：訪問調査および各種報道資料

部九州拠点がその取り組みを一層活発化する兆候も感じられる。益々激化するグローバル競争に勝ち残るのは、変化する環境に臨機応変に経営戦略を実行する企業であることは間違いない。

②システムインテグラーへの進化

　設計開発能力を蓄積し専門部品メーカーへと成長した部品メーカーは、新たに「車の一定部分」とも言える幅広い部品分野〈モジュール〉を担当するシステム・インテグレーターへと進化の道を歩み始めている。システム・インテグレーターは、自動車メーカーが果たしていた機能を従来以上に分担することが期待されている。第1には、これまでは自動車メーカーで行うことが当然とされていた複数部品間の技術情報の評価・検証・調整を部品メーカーが主体となって行うことである。コックピットモジュールは、エアコンやオーディオなど従来は単独で納入していた部品など約40点を統合したものである。第2には、自動車メーカーは、3年間で20％～30％など大幅なコストダウン活動を継続して進めて

いるが、個々の部品単位のVA手法ではその高い目標を達成するには限界が見られるようになった。複数部品を組み合わせたモジュール単位でみれば部品削減や統合化によってコストダウンの可能性が広がることになる。さらに第3には、市場のユーザーニーズを的確に把握し、迅速に開発につなげていくという自動車メーカーの役割の一部を、部品メーカー主体で行うことが期待されている。2004年に誕生したトヨタ紡織は「今後は車室内の光や空調、快適性の面も考慮した最適な内装システム全体の開発が当社の使命である」と2005年のモーターショーではプレゼンテーションをしている。

　自動車メーカーにとっては保有する部品適合技術やサプライヤー選定権、価格決定権などの喪失につながり、サプライヤーも一部大手のシステム・インテグレーターに固定してしまうのではないかというデメリットも予想され、その取り組みには企業により濃淡があるが、車輌組立ラインの脇で部品メーカーがモジュール生産を行う方式（Supplier on Site）や自動車工場敷地内に部品メーカーのサテライト工場が立地する方式（Supplier in Site）などの取り組みが数多く見られるようになった。

③戦略的M＆Aの推進

　日本の部品メーカーが国境を超えて外資系部品メーカーと提携するケースや従来はタブーであった系列を超えて提携を結ぶケースが増えている。世界各地で激しく競争している外資系部品メーカーから資本を受け入れたり、企業買収にさえ応じる部品メーカーも現れている。その背景には自動車メーカーが取り組む世界

図表4　部品メーカーの最近の主なM＆A事例

時期	内　容	対象部品
2007年	（欧）RHJの子会社旭テックがメタルダイン社（米）を買収	パワートレーン
2006年	トヨタ系光洋精工と豊田工機が合併（ジェイテクト）	ステアリング
	ホンダ系ヒラタと本郷が合併（エイチワン）	プレス　溶接
2004年	トヨタ系豊田紡織、アラコ、タカニチが経営統合	内装
	日産系アルティアと橋本フォーミングが経営統合（ファルテック）	用品・外装
	日立が子会社のトキコとユニシアジェックスを吸収合併	走行制御
2003年	ジヤトコ（日産系）がダイヤモンドM（三菱系）を吸収合併	自動変速機
	ミツバ（ホンダ系）が自動車電機（日産系）へ35.8％資本参加	モーター類
2002年	栃木富士産業（日産系）へGKN（独）が20.5％資本参加	車軸部品
	トヨタ系東京焼結と日本粉末が合併、ファインシンター設立	焼結部品
	トヨタ、デンソー、アイシン、住電合弁で開発・販売ADVICS社設立	ブレーキ
	トヨタ、堀江金属、豊田合成合弁で樹脂燃料タンクFTS社設立	燃料タンク
	トヨタ、光洋精工、デンソー、豊田工機合弁でファーベス社設立	電動パワステ
	日立がユニシアジェックス（日産系）を買収、子会社化	電子制御・駆動

最適調達の展開や系列再構築の動き、それにモジュール化の動向や環境・安全技術の開発競争などが色濃く影響を与えている。2006年にもジェイテクト（光洋精工と豊田工機の合併）やエイチワン（本郷とヒラタの合併）などが誕生するなど部品メーカーの大型合併が実現しているが、このような合従連衡の流れは今後もさらに続くと考えられる（図表4）。

2　北部九州地域では「調達の現地化」が重要な購買政策

　北部九州地域は既存の集積地である関東や東海から遠隔地であることから「ローカル化」すなわち調達の現地化が重要な購買政策となっている。調達の現地化がとりわけ重要視されるという点で、北部九州地域は海外拠点によく似た特徴を持っている。調

達の現地化を計る尺度としては地場調達率（あるいは域内調達率とも言う）が管理指標であるが、現在の北部九州自動車メーカーの地場調達率が50％程度。また部品メーカーの地場調達率は90％超から10％未満まで企業ごとに大きな差があるのが実態である。地元自治体や地場企業も地場調達率の向上を期待しており、自動車産業の集積が進む地域として、今、何をすべきか「それにはまず、優れた部品を九州で生産することが大切だ。北部九州地域で部品現地調達率は50％程度だが、これを70％に引き上げる。[7]」と地元でも戦略を明確に絞り込んでいる。

（1）関東や東海地域などから進出した部品メーカーを活用する自動車メーカー

　北部九州地域に進出している自動車メーカーは、関東や東海地域などから進出してきた既存の一次部品メーカーおよびその製造子会社から調達を行っている。これは地元企業の中に一次部品メーカーの機能を果たす企業が見あたらないということもあるが、前述したように現在の一次部品メーカーには歴史的な経過を経て多くのQCDに関する技術ノウハウが自動車メーカーから移転・蓄積しており、北部九州地域においても安価で高品質、魅力的な車づくりにはそれらの部品メーカーの存在が欠かせないという自動車メーカーの意思が強く働いているのも事実である。従って九州進出の際には一次部品メーカーにも進出を要請し互いに歩調を合わせている。日産九州工場やトヨタ九州では、前述したSupplier on Site（車輌組立ラインの脇で部品メーカーが生産を行う方式）やSupplier in Site（完成車輌工場敷地内に部品メーカーのサテラ

イト工場が立地する方式）などを積極的に展開し、進出企業を立地させている。

　2000年以降は関東や東海地区から新たに部品メーカーの進出も相次ぎ、現在は第3次進出ブームとも言われている。(8) しかし現状では関東や東海地域の多くの部品メーカーが進出しているわけではなく、各社協力会傘下の部品メーカーがどの程度進出しているかを見ると、トヨタ協豊会加盟企業が約26％、日産日翔会加盟企業は約31％、ダイハツ協力会加盟企業は約27％が九州進出を果たしているにすぎない。(9) この理由は、いくつか考えられるが、現状では工場を分割して北部九州へ進出するにはリスクがあるという経営判断が働いているのも事実である。北部九州地域は関東や東海地域からは遠隔地とはいえ海外に比べれば近距離であり、進出するかそれとも輸送するかを天秤にかけた場合、現状では輸送効率が悪い大物部品を除けば進出するより輸送した方が経済合理性が高いという判断があることも影響している。もちろん関東や東海地域で生産する部品と共通部品の場合は、そのまま現在の拠点で集中生産・集中購買する方がメリットが大きい。またこれまでは北部九州地域の生産規模がそれほど大きくなかったことやエンジンや変速機など生産金額が大きな部品の集積も見られなかったことも地場調達率が上昇しない要因でもある。今後150万台構想の実現に向けて、さらに生産が拡大することによって部品メーカーの進出も増加し、地場調達率が上昇する余地は十分あるものと思われる。

図表5　北部九州進出部品メーカーの地場調達率

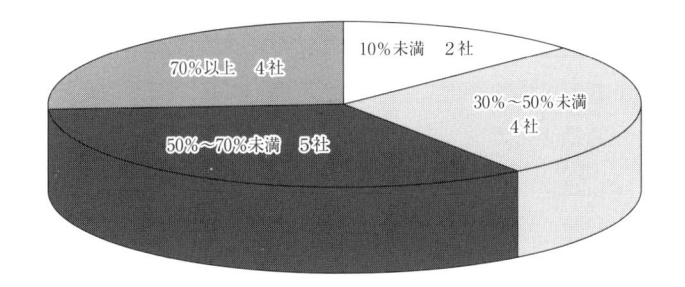

- 10%未満　2社
- 30%〜50%未満　4社
- 50%〜70%未満　5社
- 70%以上　4社

出所：15事業所の訪問・インタビュー調査による。

（2）地場企業との取引拡大を進める部品メーカー

　北部九州地域へ進出してきた一次部品メーカーやその子会社は、意欲的に地場企業の発掘に取り組んでいる。そのため地場調達率が50％を超える企業も多く、中には90％超の部品メーカーも存在する（図表5）。

　進出して30年余りを経過した旧日産系の部品メーカーでは、既に地場調達できるものは全て実行したとする企業が多く、とりわけプロペラシャフトを全て九州へ集約したユニシア九州やボールジョイントを同じく九州へ集約したリズム九州などが積極的に地場調達を拡大している。一方急速に業容が拡大しているトヨタ系やダイハツ系の部品メーカーの地場調達率にはバラつきがあるが、デンソー北九州製作所などは今後北部九州150万台構想の進展に合わせて、地場調達率を70％まで引き上げると述べている。

　これらの影響を受けて自動車依存度が徐々に上昇している地場企業も多くなっており、特に塗装や熱処理、金型など一芸に秀で

た地場企業の中には自動車依存度が80%〜90%に到達した企業も現れている。

しかし一方では調達の現地化に遅れが見える部品メーカーもあり、企業ごとに格差が出ているのが実態である。調達の現地化が進まない理由として「ニーズに合致した地元企業が見当たらない」、「共通部品が多い」、「小物部品は北部九州への輸送費が小額」、「重要保安部品なので内製が主体」、「進出した中国拠点から輸入している」など様々要因をあげている。一次部品メーカーに比べれば二次以下の部品メーカーの経営資源には限りがあり、地場企業に仕事を奪われるくらいなら無理してでも関東や東海地域などから北部九州地域へ進出しようという決断ができるのはほんの一握りの二次企業である。この意味では北部九州の地場企業は取引拡大のチャンスに恵まれており、その機会をとらえてビジネスを拡大している企業も多い。しかし地場企業によるQCD面での優位性が無ければ現状のサプライヤーを変えないでおこうという力が働くことになる。もちろん基本的には輸送コストがかさむ大物部品や九州生産車の専用部品などは現地化の効果が大きい場合が多い。また地場での生産規模が大きくなるにつれて現地化が有利になる機会が増えてくることになる。

■2　北部九州地場企業の課題

これまで述べてきた状況を踏まえて今後北部九州地域の地場企業が自動車ビジネスへ参入し、事業を拡大していくにはどのよう

な点を考慮に入れておくべきか。いくつかの課題を列挙させていただいた。もともと北部九州地域は鉄鋼を中心にして半導体やロボット関連など多様な企業が存在し、もの造りに関してはポテンシャルの高い地域である。従来から高精度で付加価値の高い仕事をしている地場企業もあり、これらの企業は自動車分野でも能力を発揮して関東や東海地域の中小企業にも負けないという評価を得て、現在多忙である。ただ地場企業の中には、多品種変量、量産、継続的コストダウンといった自動車産業のニーズに対応することにとまどいや苦手意識を持っている企業も多いように感じている。

これらの企業に対しては今後北部九州地域の自治体や地元の自動車メーカーなど大手企業も支援を強めていく方針を固めており、地域全体でキャッチアップの取り組みを進めることによって多くの地場企業が優れた部品を九州で生産することが可能となるものと確信している。

(1) 一次部品メーカーと二次・三次部品メーカー

地場企業の中には、「将来は一次部品メーカーをめざす」という明確な方針を打ち出して経営幹部がその考えを共有して新たな道を歩み出している企業も存在する。

部品メーカーとはいっても、いわゆる一次と二次以下では分担する機能が大きく異なっている。自動車メーカーと直取引を行う一次部品メーカーは、自動車産業の発展とともに研究開発能力を備えた専門部品メーカーへと変身を遂げている。分業する内容もエンジン、駆動、伝導、操舵、内外装など特定の機能部品を開発

プロセスから製造まで一貫して分担し、単純な単品加工工程だけを受け持ってはいない。自動車メーカーからその部品に必要な機能を簡単な仕様書として提示された後は部品図面を自ら作成し提案することができる、いわゆる「提案図メーカー」である。提案図に織り込むアイデアの質・量、タイミングの如何が当該部品メーカーの専門性を如実に示す証であるため部品メーカーの多くがゲストエンジニアを自動車メーカーへ派遣するなど共同で開発業務にあたっている。日本では部品全体の約8割程度が、この提案図によるものと考えられる。また基本的には自動車メーカーの工場とはジャスト・イン・タイムで同期化しており、分業生産システムの中心的役割を担っている。

　一方二次、三次になるに従い、プレスや樹脂成形、機械加工、鋳鍛造、熱処理、メッキ等の固有の技術を活用して、部分品やその特定の工程だけを一次部品メーカーから請け負っているケースが多い。一次メーカーが供給する図面に基づき構成部品の製造や一部工程を分担する「貸与図メーカー」であり、いわゆる「下請」と呼ばれる部品メーカー群である。現在の北部九州地域の地場企業の大半は、二次・三次メーカーとして機能しており、新たに参入する場合もその方が比較的容易である。一次部品メーカーは「提案図メーカー」として設計開発力を保有することが不可欠であるが、二次以下では製造品質やコストで勝負できるという一面がある。

　将来一次と二次どちらを目指すのか。地場企業が一次部品メーカーとして参入を試みることは「いきなりオリンピックの場で戦えということと同じ。」（前北九州市長末吉興一氏談）というのが正

直なところで、参入したくても高いハードルがあってなかなか進まないというのが現実の姿であろう。

しかし現在の一次部品メーカーも半世紀ほど前は技術レベルが低く品質のバラツキも大きい中小企業が大多数であった。自らの努力に自動車メーカーからの指導育成という力も加わって、現在では世界有数の自動車部品メーカーへと進化した企業が多数誕生している。挑戦を続けることによって高いハードルを越えることは可能であるという事実は歴史が証明している。

(2) 参入には経営トップの覚悟と計画的な取り組みを

新たに自動車ビジネスへの参入に成功した地場企業は、まず経営トップ自らが率先してキャッチアップするためのベンチマークすべき内容を明確にし、目標を定め組織や人員体制を構築し企業革新への行動を起こしている。そして中長期経営計画に基づき短期的な結果に一喜一憂することなく達成状況を継続的にフォローを行っている。周りが自動車の仕事を始めたから乗り遅れないようにとか、自動車ビジネスは量があって儲かるかもしれないというような期待で参入すると裏切られることになる。

(3) 提案力が顧客からの信頼を勝ち取る

個々の部品性能や品質、コストが車に対して非常に重要な影響を及ぼすために、自動車メーカーや部品メーカーの開発、生産、調達部門はそれぞれ独自であるいは共同で、優秀な部品メーカーを発掘すべく様々な調査を行なっている。その主なものはティアダウン（競合先の新車分解調査）や新技術・新材料などの展示商

談会への参加、各種業界誌紙や企業レポートなどの文献に基づく品目別動向調査、部品メーカーへの訪問調査などである。

一方サプライヤーからの積極的な提案も歓迎しており、部品種類削減や部品共用化、部品仕様や材料仕様の変更はもちろんのこと、新工法や新材料の開発、検査基準など各種基準の見直しなど幅広い視点からの提案が期待されている。

従って新たに参入拡大を図るためには、ターゲット顧客のニーズや課題の把握に心がけて、それらを解決するための効果的な提案を実施することができるかどうか、提案内容の魅力度（競争優位性）が重要なカギである。

地場企業は設計開発力が不足しがちであり、顧客から渡される図面通り製造することに集中するあまり顧客への提案が乏しくなりがちなのも事実である。しかし加工専門メーカーからの視点で、顧客から提供された図面通りに造ると段取りが多く加工しにくいものとなっていないか、特殊な計測機器を必要とするような特殊な仕様となっていないか、要求機能にマッチした最適な材料であるか、少しの工夫で共用化できる類似品・同等品はないかなど常日頃から改善マインドを働かせて顧客へ改善提案していくことが信頼を勝ち取ることになる。顧客から要求されている仕様なので、ただ漫然と要求どおり造ればいいということであったり、ましてや価格低下になるようなコストダウン提案は積極的に行わないとするような姿勢が見えたら、自動車業界への参入や事業拡大は困難である。

幸い北部九州にはこれまでの取引を通じて得意技術においては関東や東海に負けない評価を得ている地場企業も多いので、今後

とも卓越した技術を一層磨きながら積極的に改善提案に努めることを期待したい。

(4) 自動車ビジネスに対応した人材育成

　直面するグローバル競争を勝ち抜くために、自動車メーカーは部品メーカーに対して中期や短期の厳しい目標や期待値を提示しているが、部品メーカーはそれらの要請に応えるため技術開発力やグローバル展開力、コスト競争力などQCD全般にわたる競争力強化に取り組んでおり、勝ち組として生き残るにはそれらの活動を支える人材の確保と育成が大きなカギとなっている。今後自動車ビジネスに参入し事業拡大を図るには、自動車業界固有の価値観やビジネスの仕組みに合わせた社内管理体制の構築と人材育成強化が不可欠である。

　第1には設計・開発人材の強化である。一次部品メーカーとして認められるかそれとも二次以下の役割を与えられるか、その決定的な差は自らのコア部品に関する設計開発力を基礎にした提案力である。将来一次部品メーカーを目指す地場企業は、3D-CADやCAEなどを駆使した自動車メーカーとのデジタル連携やモジュール開発、開発期間短縮や多国籍開発などを視野に入れて、開発人材の中長期的な育成強化を図る必要がある。

　第2にはJust-in-Time生産の普及とそのための人材育成である。自動車業界は、いわゆる「かんばん方式」を部品メーカーへ浸透させていくことで生産管理を効率化し、各種のムリ、ムダ、ムラを排除することで収益向上を実現してきた。従って新たに自動車業界でモノづくりを行う場合、生産管理の中核でもある多品

種少量、平準化生産、段取りや在庫などに関する思想や仕組みに作業者から経営者まで適応していくことが必要であり、経営のあらゆる領域で大幅な変革が必要となる。自社の問題・課題を的確に把握し、改善活動を継続できる社内体制の構築とともに、それらの改善をリードする人材を継続的に社内に確保し増強していくことが必要である。

その他にも品質面では不良率PPM一ケタを誇る高品質な部品が日本車の商品力を支え、コスト面では毎年継続する調達コストダウンが自動車メーカーのコスト競争力強化に大きな役割を果たしている。これらの背景には、品質を工程で造りこむ品質管理システムや開発購買(10)など業界独特の管理システム、商慣習などがあり、業界参入にあたってはそれらに適合するよう人材を育成することが重要である。

(5) 本社部門へのアプローチ強化

前述したように北部九州に進出している自動車メーカーや部品メーカーは製造子会社や工場であり、研究開発部門や調達部門は、もともと関東や東海地区に立地している。自動車業界ではサプライヤーの決定は早期に開発プロセスの中で行なうのが通常であり、北部九州に立地する工場や製造子会社が量産準備段階になって具体的なモノづくりに参加する頃には、既にサプライヤーをどこにするかということは本社や親会社の調達部門が決定してしまっているという事情がある。地場企業が新製品切り替え時にトラブルを起こしやすいという報告が多々あるが、それはこのような事情から開発段階で互いのコミュニケーションが不足しがち

であるということに起因しているものと考えられる。北部九州に進出してきた自動車メーカーや部品メーカーは、もちろん地場企業を極力選定するように開発部門や調達部門への提案を心がけているとの報告もあり、実質的には九州でサプライヤーを決定している企業もあるが、地場企業としても本社調達部門との商談や改善提案などを積極的に行うなど本社へのアプローチを強めていく必要がある。

(6) 地元の支援体制の構築

"鉄の街から自動車産業が集積する都市へ"福岡県北九州市は、2005年11月地場製造企業を組織化して「パーツネット北九州」を設立した。筆者は早稲田大学自動車部品研究所所長小林英夫教授らとともに同市の自動車産業振興策検討委員の一人として企画段階から関わってきたが、「パーツネット北九州」発足にあたっては北九州市が積極的に会員への参加を呼びかけ35社が集まった（2007年1月現在では加盟企業は43社へ増加している）。参加した企業は従業員300人以下の中小企業が90％近くを占め、業種もプレスや樹脂加工、金型を中心に、塗装、メッキ、鋳鍛造、IT、物流など様々である。既に自動車産業への参入を果たしている企業もあるが、これまで車づくりとは縁がなかった企業も多い。

「パーツネット北九州」設立の背景には、地場製造企業が抱える多くの課題を克服するためにそれらの企業を集団化し、産学官が連携して人材育成や技術力強化、企業相互の交流・連携などを実施することで早期に自動車分野への参入やビジネス拡大を可能にしようという地域全体の強い思いがある。筆者としても平成

図表6　九州各県の自動車産業参入支援組織

	名　称	事　務　局	企業数
福岡	パーツネット北九州	北九州市地域産業課	43社
	直鞍自動車産業研究会	直鞍産業振興センター	47社
	行橋市自動車産業振興協議会	行橋市企業立地課	13社
	大牟田自動車関連産業振興会	大牟田商工会議所	16社
	飯塚地域自動車産業研究会	飯塚市商工振興課	19社
	苅田町自動車産業振興協議会	苅田町空港・企業立地推進室	23社
	豊前地域自動車産業参入協議会	豊前商工会議所	20社
大分	大分県自動車関連企業会	大分県工業振興課	94社
熊本	熊本県自動車関連取引拡大推進協議会	熊本県産業支援課	120社
長崎	長崎県自動車関連産業振興対策協議会	長崎県産業政策課	展開中

（平成19年1月現在）出所：北九州市作成資料等

18年9月から北九州市の自動車産業事業拡大コーディネーターの委嘱を受けて、地元企業の自動車ビジネス拡大への支援活動を始めている。

その後パーツネット北九州に類似した地域の支援組織が九州各県で続々と立ち上がっている（図表6）。これらの支援組織を通じて地域ぐるみで自動車産業への適応力を強めていこうということであるが、地元中小下請企業がこれまで経験がなかった自動車部品分野へどのように適応していくか動向が注目される。

(7) 海外展開について

自動車メーカーや一次部品メーカーに歩調を合わせて地場企業が海外進出を図るにはかなりのリスクが伴う。九州経済調査協会の調べ（九州・山口地場企業の海外進出1986～2005）では、1986年から2005年までの10年間で、九州・山口の地場企業が海外進出した件数は1224件。その中で自動車関連企業の進出はわずか7社に過ぎない。

海外進出できない主な理由として『資金調達困難』『人材がいない』『情報不足』『パートナーがいない』などが挙げられる。海外展開する場合は国内工場による人的・物的なサポート機能が必須であり、企業規模の小さな地場企業にとっては国内と海外の生産拠点を同時に操業していくことは困難が伴うものである。北部九州の地場企業の大勢としても現在150万台構想も現実的となった地元での受注確保を優先し、中国への進出などは地元の足固めが完了してからの検討課題にしたいという声が多い。

しかし単独では困難な海外進出も共同で取り組むことによって可能ともなる。また海外中小企業とのアライアンスを組むという企業も増えている。今後はBRICsを中心に日本車の成長源が海外であることが鮮明になっている状況下で、北部九州の地場企業としても海外進出をどのように考え対処していくか、真剣に研究すべき課題である。

筆者が2006年7月に北九州市合同の中国広州調査団に同行して、広州周辺に進出しているトヨタ、日産やデンソーなど日系企業数社を訪問しインタビューを行った際に興味深い報告があった。それはトヨタ系二次部品メーカー10社が中国天津地域に既に進出しており、広州周辺の一次部品メーカーもそれらの企業から部品調達を行っていること。そして更に東海地区の二次部品メーカー7～8社が共同での中国進出を研究しているとのことであった[11]。トヨタの部品調達の基本理念は、部品メーカーと価値観を共有して、あらゆる活動を部品メーカーと一体となって進める育成購買[12]である。中国においても日本国内の二次メーカーを巻き込んでその実践をしている様子にあらためてトヨタグループ

の結束力の強さを認識することとなった。

　また東京都大田区が、タイ最大の工業団地であるアマタナコーン工業団地内に集合工場「オオタ・テクノパーク」を 2006 年 6 月に完成し、既に入居が始まっていると報道がされた[13]。大田区に本社がある中小企業で入居を希望する企業は賃借契約を結ぶことでタイへの進出が可能となる。総務や会計、税務などの業務も共用の本部事務棟でのサービスを受けられる。大田区は中小企業の高度な技術が集積する町として知られているが、今後は海外進出による仕事の拡大が不可欠との考えで、日系企業が多数進出しているタイへ自治体として初の集合工場を建設することを決意したもの。自治体が海外での工場進出を支援するひとつの事例として注目される。

(8) アライアンスについて

　一次部品メーカーが M&A を活発に展開するのに比べて二次以下の部品メーカーがアライアンスを結ぶ事例は非常に少ないのが現状である。M&A は一部では乗っ取りや身売りなど悪いイメージで認識されており、そのため「M&A に関心がない」とする中小企業が 72％ にも上っている[14]。

　しかし「新事業への参入」や「既存事業の拡大」、「後継者問題の解消」に対する M&A の有効性も具体化しているので、北部九州地域の地場企業も地域内や関東・東海地区の企業とのアライアンスを結ぼうとする企業も現れている。また北部九州は発展する中国や韓国など東アジアと近接しているので、進出問題とあわせて Win-Win の連携関係をどのように構築できるか真剣に研究

すべき課題であると考える。

■おわりに

　本章は、福岡県北九州市「東アジアの発展と北九州地域の自動車産業振興のあり方」検討委員会（平成17年2月～平成18年1月、委員長・早稲田大学教授小林英夫）の一員として参画し論議・検討した内容をもとに、「購買政策と地場企業」という視点から筆者なりの考え方でとりまとめたものである。

　その中で第2節の地場企業の課題に関しては、画一的に自動車ビジネスの論理だけで述べることに少々抵抗を感じながら書かせていただいた。もともと多様性が地域中小企業の特性であり、異質な企業群が存在することで地域の活性化がもたらされるものと考えている。北部九州地域の地場企業の方々が、自動車産業で展開されている技術やノウハウを積極的に導入して、既存のものと結合し新たな成長を遂げてほしいと願っているが筆者の本意であることを申し述べて結びにしたい。

【注】
(1) 直接材料（部品や原材料）や設備機械、金型などは本社や親企業による調達が一般的である。その他の間接材料（油類など補助材料、消耗工具類）や経費扱い品目（事務用品など）は、企業によっては一部を現地の工場や子会社に調達を委譲している場合もある。しかし近年進歩が著しいITを活用して電子調達の仕組みを導入し、経費扱い品目も含めて全てを集中購買の対象にする企業も現れるなど集中化の傾向が強まっている。
(2) 集中購買とは購買機能を本社など1つの部門に集中する購買方式。それ

により調達量やサプライヤーの集約も可能となりコストダウンの可能性が広がる。
(3) 経済産業省製造産業局自動車課長・日下部聡氏：2006年7月28日　東京国際フォーラム講演。
(4) Low Cost Countryとは中国やアセアン、インド、東欧などの諸国を指している。
(5) 日本自動車部品工業会、平成18年度海外概要調査。
(6) 日本自動車部品工業会「自動車部品産業競争力調査研究会・報告書」平成15年9月
(7) 麻生福岡県知事、日刊工業新聞、2006年3月15日。
(8) 第一次進出ブームは日産九州工場が進出した1970年前半から1980年後半かけての進出件数が93件。第二次ブームはトヨタ九州が進出した1990年代で102件。現在は第三次進出ブームとも言われて、2000年以降51件となっている。(九州経済調査協会、九州経済調査月報、平成17年10月号)。
(9) 九州経済調査協会、九州経済調査月報、平成17年10月号。
(10) 開発購買とは、調達する部品メーカーを製品開発プロセスの初期段階に決定し、モノづくりに関する部品メーカーの知恵を最大限に発揮させようという購買方式である。高度に専門化した部品メーカーが開発の初期から参画することで、製品の開発力やコスト競争力を高めようという狙いがあり、日本の自動車メーカーの購買は、もともとこの開発購買方式が一般的である。
(11) 2006年7月電装（広州南沙）訪問時のインタビューによる。
(12) 育成購買とは、部品メーカーを育てながら購買目標の達成を図るという購買理念である。部品メーカー対してはコストダウンや品質向上など厳しい目標達成を要求するが、その達成が困難な場合は自らが保有する技術やノウハウを公開して各種のムダ取りなど合理化支援を行い、その成果は部品メーカーと共有するという考え方に基づいている。従来から日本の自動車メーカーはこの考え方をとっているが、環境変化でその維持が困難となって、育成にこだわらず目標達成が可能なサプライヤーであればどこからでも調達するという、どちらかといえば欧米流の"選択購買"の考え方も出てきている。トヨタは「どういう状況であれ、部品メーカーと価値観を共有して物事を進める育成購買を守る。選択購買は行なわない。」(豊田章男副社長：日刊工業新聞、2006年3月17日) と育成購買の死守を述べている。
(13) 東京都大田区産業振興協会の下記Webページを参照。

http://www.pio.or.jp/news/2006_06/27_otp/index.htm
(14) 中小企業の M&A に関する意識調査　大阪信用金庫　平成 18 年 3 月

第**6**章

北部九州自動車・部品産業の集積と地域振興の課題

西岡　正

■はじめに

　本章では、新興の自動車産業集積である九州、とりわけ北部九州に焦点を当てて、地域行政の産業振興の取り組みの現状と課題について検討する。まず、第1節では九州における産業集積の現状を概観するとともに、顕在化する構造的な問題性について指摘する。次に、第2節では、地域経済の持続的発展をかけて、自動車産業の振興に注力する地域行政の取り組みについてみる。取り上げるのは、福岡県、北九州市、熊本県の3県市である。第3節では、今後の産業振興にむけて地域行政に求められる課題と方向性について検討する。

■1　九州における自動車産業集積の現状と課題[1]

1　活発化する完成車メーカーの生産展開

　国内市場の成熟化、完成車メーカーの海外生産シフトの拡大を受けて、国内における自動車生産台数が伸び悩む中で、九州の自動車生産台数は、1993年の45万台から、2006年には101万台に達しており、全国的にも九州は東海、関東に次ぐ第3の自動車産業集積として存在感を着実に高めつつある（図表1）。

　現在、九州で自動車を生産しているのは、日産九州工場（福岡県苅田町）、トヨタ自動車九州（福岡県宮若市、以下トヨタ九州）、ダイハツ九州（旧ダイハツ車体、大分県中津市）の3社の自動車組立拠点である[2]。このうち九州における事業展開がもっとも古くか

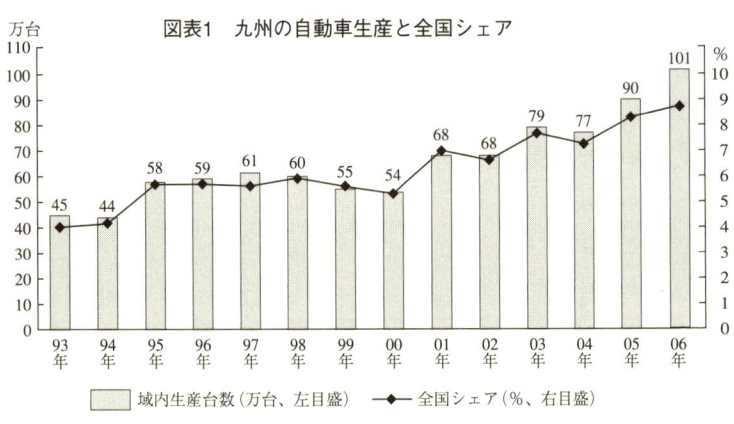

図表1　九州の自動車生産と全国シェア

年	域内生産台数（万台）	全国シェア（％）
93年	45	4
94年	44	約4
95年	58	約6
96年	59	約6
97年	61	約6
98年	60	6
99年	55	約6
00年	54	約5.5
01年	68	7
02年	68	約7
03年	79	約8
04年	77	約7.5
05年	90	約8.5
06年	101	約9

出所：九州経済産業局調査課　日本自動車工業会

つ生産能力も大きいのが日産九州工場（福岡県苅田町）である。1976年から完成車を生産しており、現在の定時生産能力は年産50万台強である。日産でも最大規模の工場として、新鋭設備、モジュール生産方式を積極導入し、ティアナ、プレサージュ等7車種を生産している。さらに、敷地内にグループ会社の日産車体の新工場建設も計画されている。トヨタ九州は、1992年に操業を開始したトヨタグループ最新鋭の生産拠点である。ハリアー、クルーガー、レクサスIS、ES等の生産を行なっている。2005年9月に第二工場の操業を開始したことによって、現在の定時生産能力は年産43万台となっている。また、2005年12月にはエンジン工場（福岡県苅田町）の操業も開始している。ダイハツ九州は、群馬県から全面移転してきたもので（2004年末）、ハイゼットやミラ等の軽自動車と小型乗用車の生産を行っている。当初年産12万台規模で操業を開始したものの段階的に能力を増強、現在の定時生産能力は年産25万台である。加えて、年産23万台規模の第二工場の建設（2007年末操業開始予定）や親会社のダイハツ工業によるエンジン工場の建設（福岡県久留米市）も計画されている。このように九州の自動車生産能力は既に年産120万台規模に達し、さらなる拡大が見込まれる状況にある。

2　産業集積の現状

(1) 北部九州で進む部品企業の集積—存在感の大きい進出企業

　完成車メーカー各社の活発な生産展開を受け、自動車部品企業の集積も進みつつある。筆者が参加した九州地域産業活性化セン

ターの調査によれば、九州で自動車部品を製造する事業所は589事業所、関連生産設備を製造する事業所は150事業所で、生産機能を有する事業所は合計739事業所である[3]。先行調査の結果と比較しても、部品企業の集積が進んでいることが確認される[4]。もっとも、部品生産を行なう589事業所の内訳を見ると、進出企業269事業所、地場企業309事業所、不明11事業所となる[5]。完成車メーカーを基点とする取引階層からは、進出企業では一次部品企業が122事業所に上っている。これに対して、地場企業の一次部品企業は7事業所にとどまる。このように進出企業の存在感が極めて大きい一方で、地場企業の本格参入は遅れているのが実情である。なお、生産設備を製造する150事業所においても、進出企業は55事業所を占めている。

次に立地状況を見ると、福岡県305事業所、大分県同123、熊本県同114、佐賀県同70、宮崎県同60、鹿児島県同53、長崎県同14となっており、福岡を中心として大分、熊本、佐賀の北部九州4県に全事業所の83％が集中している。これらの地域は高速交通網の整備により概ね2時間程度での移動が可能な地理的連続性をもった空間であり、自動車産業の振興に関しても4県が先行して共同で取り組む等、行政を含め地域の一体性も高まっている。実際、部品取引においては県境を越えた多面的な地域内取引が活発に行われている。このように九州における自動車産業の集積は北部九州を中心に形成されており、本稿の考察ももっぱらこの地域においている。

(2) 域外に流出している部品需要

自動車生産台数の増加を受けて、九州における部品生産も増加している。部品出荷額の推移を見ると、トヨタ九州が本格操業を開始した1993年の4,813億円から2003年には5,843億円（93年比121％）に増加している。もっとも、この間、域内の自動車生産台数は45万台から79万台（同175％）に増加しており、生産台数の増加に比較すると、部品出荷額の増加は緩やかなものにとどまっている。域内の自動車出荷額と比較しても部品出荷額は半分程度に過ぎない。これは完成車メーカーの九州域内からの部品調達率が低いためである。わが国の自動車産業においては、高度な生産分業システムの存在を前提として、完成車メーカーの外製依存度がおおよそ70〜80％に達するが、われわれが行なったインタビュー調査では、トヨタ九州、日産九州工場、ダイハツ九州の域内調達率は概ね50％（金額ベース）にとどまっている[6]。域内の調達先も各々50〜80事業所程度に過ぎない。九州経済産業局の試算でも、地域別の自動車関連部品の域内自給率は、関東・中部地域84％、近畿地域68％、中国地域67％であるのに対して、九州は51％にとどまっている[7]。このことは、九州では完成車メーカーの生産台数の増加に伴い部品需要が増加しても、需要の一部が関東、東海地域等の域外に流出するため、部品の域内生産の増加に直結しない構造になっていることを示している。では、なぜ完成車メーカーの域内調達が進まないのか。次に九州の自動車産業集積の特徴・課題とあわせて考察する。

3 表面化する産業集積の抱える構造的な問題性

(1) 開発・調達機能の欠如

　九州における自動車産業集積の特徴として、大きくは以下の点が指摘できる。第1に、生産機能への特化である。域内立地する日産九州工場、トヨタ九州、ダイハツ九州の3拠点とも生産機能に特化しており、開発機能や部品調達機能を有していない。同様に域内に展開する進出企業の大半が、本社からの生産指示に基づいて量産をおこなうのみである。開発機能、部品調達機能や営業機能を有する拠点は極めて少ない。もともと承認図方式を主流とするわが国の自動車部品取引においては、部品調達と設計開発が密接につながっている。とりわけ近年では、完成車メーカーの開発部門へのゲストエンジニア派遣の常態化にみられるように開発プロセスにおける部品企業の役割が非常大きくなっている（デザイン・イン体制）。このため取引階層を問わず、新規受注を希望する部品企業にとっては、取引相手にいかに有効な開発（カイゼン）提案を早期かつタイムリーにおこなうかが重要になっている。仕様の詳細や設計図面が決定した後に、新たに付加価値の高い受注を獲得する余地は乏しくなっている。こうした中で、域内における開発・調達機能の欠如は、地場企業の新規参入や取引拡大を進めるために必要な情報交流の機会を減少させ、取引コストを増加させるという点で、大きな制約となっている。

(2) 偏在する部品企業の生産品目と脆弱な基盤的技術

　第2は、部品企業、とりわけ一次部品企業層の中核を担う進出企業が九州で生産する部品が偏在していることである[8]。多くが車体パネルやシートといった比較的大型で異形であることから物流コストがかかる車体部品・内装部品である。これに対し、エンジン系や駆動系等の部品、電子部品といった高機能部品群の生産は少ない。これらの部品は、比較的軽量であることや初期投資負担が重いこともあって、進出企業にとっては関東や東海等に生産をまとめて規模の経済性を発揮させるほうが効率的と判断されているためである。完成車メーカーの域内調達率の低さも、こうした偏在する一次部品企業の生産品目を反映しており、開発・調達機能の欠如とあわせて、九州の自動車産業集積の抱える大きな課題となっている。加えて、基盤的技術分野の脆弱性も指摘される。自動車産業に参入している地場企業の加工領域を見ると、プレス、射出成形、切削、板金・溶接などの加工を手がける事業所が多い一方で、メッキ、熱処理、鋳・鍛造、表面処理などの基盤技術を手がける事業所が少ない。このため、プレス加工を行った企業が、輸送コストをかけて表面処理を中国地域の企業に外注、再び機械加工・組立を九州で行い納入するといった事例が散見される。こうした二次・三次層における基盤的技術分野の脆弱さが、域内調達の拡大に当たってのボトルネックとなっている側面も否めない。

■2　産業振興に向けた地域行政の取り組み

　完成車メーカー各社の増産を背景に活況を呈しているように見える九州の自動車産業であるが、その内実は域内部品調達の伸び悩みに象徴される構造的な問題性が顕在化している状況である。こうした中で、本節では、地域行政の自動車産業の振興の取り組みを紹介する。取り上げるのは、産業集積の中核にあたる福岡県、政令指定都市として独自の取り組みを進める北九州市、半導体・関連産業と並んで、自動車産業の基幹産業化を目指す熊本県の取り組みである。

1　北部九州自動車150万台生産拠点構想（福岡県）

　福岡県は、日産九州工場（苅田町）、トヨタ九州（宮若市、苅田町）の完成車メーカー2社の生産拠点が立地し、九州の中で関連部品企業群の集積も最も進んでいる地域である。福岡県では、自動車産業を戦略的成長産業に位置づけており、「北部九州自動車100万台生産拠点推進構想」（「100万台構想」）を2003年2月に策定、あわせて同構想の推進機関として官民関係者から構成される北部九州自動車100万台生産拠点推進会議（「100万台会議」、会長：県知事、事務局：商工部企業立地課）を設置、福岡県における自動車産業の振興に向けた取り組みの母体としてきた。

　「100万台構想」では、2007年度時点の目標として、①北部九州における完成車の年間生産100万台の達成、②関連企業50社

の県内誘致、③地場企業の自動車産業への参入促進が掲げられ、これによる県内への経済効果は新規雇用1.3万人以上の増加、出荷額2兆円以上の増加に及ぶと試算された。実現に向けた関連施策としては、地場企業の参入促進に向け、完成車メーカーOBによる生産現場のカイゼン指導や取引斡旋アドバイザーの配置、取引拡大に向けた商談会の開催等を行なっているほか、技術向上策として部品群別に企業・大学等で構成される自動車産業技術研究会活動の支援、自動車関連産業に特化した補助金・融資制度の創設が進められている。関連企業の誘致促進に向けては、受け皿としての工業団地や関連インフラの整備、各種誘致セミナーの開催などが行なわれている。関連人材の育成については、三次元設計技術者の育成に加えて、特に金型、メッキなどの基盤的技術分野が重視されており、九州工業大学先端金型センターにおける先端技術の習得や技術開発を目的とする金型中核人材育成事業（3年間で150人）や、県立の工業系高校におけるインターンシップの推進、自動車等のものづくりを念頭に置いた学科再編等が取り組まれている。

　ところで、福岡県では、完成車メーカーの生産拡大を受けて、「100万台構想」が目標としてきた年間生産100万台の2006年内の前倒し達成が確実となったとして、「100万台会議」を北部九州自動車150万台生産拠点推進会議（「150万台会議」、会長：県知事、361企業・団体から構成）に発展的に改組した（2006年8月）(9)。あわせて、「100万台構想」に代わる新たな目標として、達成時期を2009年度において、①年間生産150万台、②地元調達率70%の達成を目指すとともに、中期目標として、③成長著しいアジアに

図表2　域内生産100万台からアジアの自動車産業拠点へ（福岡県の目標）

	「100万台構想」の目標 （達成時期2007年度）	「150万台会議」の新たな目標 （同2009年度）
策定時期	2003年2月	2006年8月
生産規模	100万台	150万台
誘致目標	50社	―
地場企業関連	地場企業の参入促進図る	地元調達率70%
その他	―	アジアの最先端拠点化 次世代の車開発拠点化

出所：福岡県自動車産業振興室資料より作成

近いという地理的優位性を背景としたアジアの最先端生産拠点化、④新技術を取り込んだ次世代の車の開発拠点化を図ることにより、国際競争力を有する自立的な自動車産業拠点とすることを目指すことを掲げた。新たな目標の中で、特に注目されるのは、「100万台構想」では明確に意識されてこなかったアジアとの競争・協調の視点や地場への研究開発機能の取り込みが掲げられたことである。域内生産100万台の達成という量的拡大から質的拡大に向けて政策目標がシフトしてきていることがうかがえる。さらに、研究開発機能の拡充の方向として、福岡県内で取り組まれている水素エネルギーやシステムLSI産業等新産業との融合が意識されており、地域資源の有効活用を図るという意味で注目されるところである。

　なお、福岡県ではこうした目標の実現に向けて、県をあげての支援体制をより明確にするため、副知事を本部長とする自動車産業拠点対策本部を設置すると共に、自治体としては全国初の自動車産業の振興を専門に手がける組織である自動車産業振興室を商工部に新設している。

2　北九州市における自動車産業振興の取り組み

(1) 産業振興に向けたあゆみと体制整備

　1901年の官営八幡製鐵所設立以来の長い伝統を背負った「ものづくりのまち」として知られる福岡県北九州市は、鉄鋼や化学をはじめとした基礎素材型産業の企業城下町として発展を遂げてきた。しかし、1980年代に入ると、地域経済の中核を占めてきた新日本製鐵八幡製鐵所の規模縮小が顕著となり、基礎素材型産業に偏在した産業構造の転換が強く求められるようになった。こうした中で、北九州市行政は地域の生き残りを賭けて、矢継ぎ早にエコタウン事業やひびきコンテナターミナル、北九州学術研究都市の建設等、さまざまな産業振興策を展開しており、自動車産業の振興に関しても、福岡県の施策の範囲にとどまらない注目すべき独自の取り組みが行なわれている。

　北九州市の自動車産業振興のあゆみを見ると、本格的な取り組みが始まったのは2004年以降である。産業学術振興局が中心となって、地場企業の自動車産業への参入促進を目的に一次部品企業14社を招いて実施した逆見本市形式の商談会(「自動車部品展示商談プラザ」)と「アジア自動車産業フォーラムin九州」を同時開催したことが契機となっている(2004年6月)。北九州市の担当者はこれらの商談会やフォーラムの開催を通して、自動車産業振興の必要性を強く意識することになった。こうした中で、市では独自の自動車産業振興の方向性を検討するために学識経験者等からなる委員会(10)を設置するとともに(2005年1月)、関連する市職

図表3　北九州市における主な自動車関連事業のあゆみ

時期	内容
2004.6	「自動車部品展示商談プラザ」「アジア自動車フォーラム in 九州」同時開催
2005.1	東アジアの発展と北九州地域の自動車産業振興のあり方に関する検討委員会設置
2005.1～3	市職員等による地場企業（約100社）へのヒアリング調査
2005.3	上記検討委員会中間報告
2005.6	韓国自動車産業の現状・ネットワーク構築のための現地調査
2005.6	「第2回アジア自動車フォーラム in 九州」開催
2005.7	地域産業課に自動車産業振興を専門に行なうラインが発足（但し3名の兼務体制）
2005.7	ジェトロ海外企業誘致活動地域支援事業への採択決定
2005.8	中国自動車産業の現状・ネットワーク構築のための現地調査
2005.11	「北九州地域自動車部品ネットワーク（パーツネット北九州）」設立
2005.12	Auto Parts 上海2005への出展
2006.1	上記検討委員会最終報告
2006.3	「日中韓自動車産業フォーラム in 九州」開催
2006.4	地域産業課に自動車産業振興の専任セクション（6名）の設置
2006.7	広州自動車ミッション（6社7名参加）
2006.7	自動車産業振興推進会議（座長：担当助役）の設立

出所：北九州市地域産業課資料より作成

員等がおよそ100社に及ぶ地場企業に対して自動車産業への参入状況や支援ニーズについて個別訪問による実態調査を実施（2005年1～3月）、検討委員会の検討結果とあわせて、産業振興策の骨格作りに動きはじめる。注目すべきは、これらの活動が多くの自治体にみられるように政策企画や企業誘致セクションでなく、市内企業の海外取引や海外企業の投資受入支援を本来業務とする貿易振興課の職員たちによって実質的に担われてきたことである。このため、図表3に見るように、北九州市における自動車産業振興策の展開を見ると、①当初から韓国や中国とのネットワーク形成等を睨んだ国際的な観点からの取り組みが行なわれてきたこと、②既成概念にとらわれず自らが企業ニーズを把握することを出発点としたことが特徴となっている。なお、産業振興に向け

た取り組みの本格化とともに、貿易振興課の職員を主体とする運営体制ではマンパワーにも限界が生じてきたことから、2006年3月には、自動車産業振興を担うべく地域産業課に専任の自動車産業係が新設されている。さらに、2006年7月には、上述の委員会の最終報告等を受けて、自動車産業振興にかかる市としての戦略づくりのため、市役所内に自動車産業振興推進会議（座長：担当助役）が設置され、その下部組織としての作業部会が具体的な施策づくりの立案に当たる体制がとられている。

(2) 企業グループの設立―パーツネット北九州

現在、北九州市では自動車産業を市が支援に注力すべき主要産業に位置づけ、①関連企業の誘致推進、②地元中小企業の支援、③人材育成・技術開発、④物流機能対策、⑤海外連携に取り組んでいる（図表4）。

図表4　主な北九州市の自動車産業振興関連事業

目的	関連事業
関連企業の誘致推進	インセンティブ、立地環境の整備、自動車部品サプライヤーズパーク構想（響灘地区） 海外の自動車関連企業の誘致
地元中小企業の支援	自動車関連産業に特化した助成金制度等 取引拡大・技術指導のための完成車メーカー社員等の支援人材の派遣 パーツネット北九州の活動支援
人材育成・技術開発	カーエレクトロニクス分野の研究開発と人材育成支援 高度金型設計加工技術分野の人材育成支援 マグネシウム等の軽量化部材の開発支援 自動車等3D-CAD技術者の人材育成
物流機能対策	北九州港や鉄道貨物を活用した自動車物流拠点化の推進
海外連携	地元企業の海外取引支援

出所：北九州市地域産業課資料より作成

北九州市が進める関連事業の中でも、特に注目されるのは「北九州地域自動車部品ネットワーク」(「パーツネット北九州」)の設立並びに活動支援である。パーツネット北九州は、北九州市の積極的な呼びかけにより発足した企業グループで、北九州市及び周辺地域に立地する地場企業43社と大学等から構成されている(2005年11月設立、事務局：地域産業課)。参加企業の内訳を見ると、従業員300人未満の中小製造業が大半を占めており、技術・事業領域はプレス、樹脂加工、金型を中心に、鋳鍛造、塗装、IT関連まで多様なものとなっている。既に自動車産業への参入を果たしている企業もあるが、これまで自動車産業とは無縁であった企業も少なくない。パーツネット北九州では、自動車関連技術を有する地場企業によるグループを結成することで、個々の企業では困難な一次部品企業への提案営業、設計開発の協業、人材育成等の取り組みを進め、北九州地域を自動車産業にとって「顔の見える地域」にすることを目指している。具体的な活動としては、九州内外の関連企業との商談会の開催、地場企業の人材育成、産学連携の促進に向けた活動等を計画しているが、既にトヨタ九州との意見交換会の実施や、日産九州工場から会員企業に対して部品・技術提案の機会が与えられるなどの成果も上がりつつある。

　パーツネット北九州の今後の課題は、勉強会等の活動をとおして、会員企業間の危機意識や問題意識の共有化を図ることで信頼関係を醸成し、活動に当たっての共通基盤を構築することである。経済的便益（レント）を生む企業ネットワークとして機能するためには、単に情報交換等の相互交流にとどまらない高度の信頼関係の存在が不可欠である。行政主導でスタートしたパーツネット

北九州が、行政施策の受け皿的なグループ活動からレントを生む真の企業間ネットワークとして機能するためには、メンバーの再選別や事務局機能の会員企業への移管を進め、自立型のネットワーク組織に転換していくことが必要であろう。

ところで、九州における自動車関連の企業間ネットワークとしては、アイシン九州（熊本県）が中心となり、九州・中国地域に生産拠点を置く部品企業が集まり結成された「リングフロム九州」が先駆的なものとして上げられる（2000年結成）。パーツネット北九州とは異なり、進出企業を中心とした行政関与のない企業間ネットワークで、事務局を置くアイシン九州をはじめとするトヨタ系7社、日産系7社、マツダ系7社、ホンダ系6社、独立系11社の完成車メーカーの系列を超えた部品企業計38社が参加している[11]。当初は、加盟企業相互の受発注ルートの見直しによる物流コスト削減が目的であったが、技術交流、共同商談会の開催、余剰設備の相互活用等の活動に発展しつつある。ダイハツ九州に対してもリングフロム九州として共同商談会を開催する等の取り組みを進めた結果、加盟企業7社が新規受注に成功する等成果も上がりつつあり、こうした受注を契機として加盟企業の協力企業を含めた新たな生産リンケージが創出されることが期待されている。

3　熊本県における自動車産業振興の取り組み

熊本県では、2000年11月に、当面の10年間を対象期間とした「熊本県工業振興ビジョン」を策定、今後県内で成長が見込ま

れる分野として重点5分野（新製造技術、情報通信技術、環境、バイオテクノロジー、医療・福祉）を指定、製造品出荷額を4兆円（2005年2.6兆円）に引き上げることを数値目標として掲げ、当該分野を中心とする産業振興に注力してきた。とりわけ大手企業の半導体工場の進出を受けて1960年代から集積が進む半導体・関連産業については、都道府県レベルでは初となる半導体・関連産業に特化した産業戦略である「熊本セミコンダクタ・フォレスト構想」を2003年3月に策定（2005年7月改定）、情報家電分野も視野に入れながら、人材育成、新事業創出、地場企業の高度化、研究開発、誘致企業に対するアフターサービスの5本柱からなる振興策に積極的に取り組んできた。

他方、県内にホンダ熊本製作所（大津町）が早くから立地してきたものの、同製作所の主力事業が二輪車生産で海外への生産移管が進展してきたこともあって、これまで自動車関連産業の振興に向けた本格的な取り組みは進んでこなかった。熊本県が、北部九州における自動車生産の拡大を受けて、自動車関連産業の振興に本格的に取り組み始めたのは2005年以降である。熊本県では、2005年6月に「熊本ものづくりフォレスト構想」を策定、①人材の強化、②技術力の強化、③経営基盤の強化、④ものづくり産業の集積を進めることによって、県内製造業の基盤的技術の高度化、経営体質の強化、オンリーワン企業の創出等を目指すこととした。同構想は、ものづくり産業全般を対象としたもので、自動車産業に特化したものではないが、構想に基づく施策をとおして県内企業の自動車産業等への積極的な事業展開を支えることが企図されている（図表5）。なかでも注目されるのは、次世代耐熱マ

図表5　ものづくりフォレスト構想の概要と進捗状況

目標	概要	具体的な事業の進捗
人材の育成	産学連携による即戦力の育成 若年層からのものづくり教育、OB人材の活用等	ものづくり中核人材育成事業（金型） 中小企業大学校、高専を活用した人材育成事業
技術力の強化	徹底的なQCDの追求、熊本の特徴を活かした製品開発 産学連携・新連携などの支援 産業支援機関の再編・充実による企業支援の強化	次世代耐熱マグネシウムの拠点形成に向けた取り組み 戦略的技術開発補助・商品開発補助
経営基盤の強化	各種融資制度の活用 受注力向上支援	「ものづくりフォレスト構想等推進枠」創設 商談会、取引斡旋　等
ものづくり産業の集積	輸送機器関連企業の高度化と企業誘致	自動車関連取引拡大推進協議会の発足 自動車関係で5件の企業誘致（2005年）

出所：熊本県自動車関連取引拡大推進協議会総会（2006年6月）資料より作成

グネシウムの拠点形成に向けた取り組みである。マグネシウム合金は軽量化素材として自動車業界で注目を集めているが、強度や耐熱性が実用化にあたっての課題となっている。当該事業は熊本大学の研究者の有する基礎技術をもとに、県内企業を含む産学官で実用化に向けた製造基盤技術等の開発に取り組む計画で、科学技術振興機構の「地域結集型研究開発プログラム事業」の採択を受け（委託金12億円、5年間）、2011年を目処に、新素材を使った自動車エンジン部品の実用化を目指しており、県内企業への技術移転も期待されている[12]。ちなみに、これらの関連施策の展開は商工観光労働部産業支援課が担当している。

　また、熊本県では、ものづくりフォレスト構想の策定とあわせて、県内の進出企業、地場企業、大学等からなる「熊本県自動車関連取引拡大推進協議会」（「協議会」）を発足させている（2005年

9月、140社・団体)。協議会では、地場企業向けの自動車産業への各種参入支援セミナーに加え、九州内外での商談会等を開催している。県内の大手部品企業6社に自動車産業に関心を有する地場企業を集めた商談会(2006年2月)には、県内企業を中心に延べ116社の企業が参加したという。あわせて、自動車産業への参入意欲のある県内企業に対して、自動車関連メーカーOBによるカイゼン提案や実地指導を行なうアドバイザーの派遣事業も行なっている[13]。

■3 産業振興に向けた残された課題と求められる方向

1 残された課題と求められる方向

図表6は前節で個別に取り上げた福岡県、北九州市、熊本県の自動車産業振興関連事業をまとめたものである。企業誘致の推進に加え、地場企業の自動車産業への参入促進に向け、商談会開催等による受注機会の獲得支援、完成車メーカーOBの派遣等による生産現場の技術力向上・人材育成支援、融資制度や助成金制度の創設による設備投資の支援にいたるまで、各県市とも厳しい財政事情の中で、既存制度の拡充にとどまらない非常に手厚いものとなっており、自動車産業の振興に向けた熱意がうかがえるものとなっている[14]。他方で、近年九州各地でひんぱんに開催されている自動車関連セミナーはいずれも多くの聴衆を集めており、地

図表6　3県市における自動車産業振興関連事業の概要

	福岡県	北九州市	熊本県
独自の自動車産業振興プランの有無	○	策定中	策定中
推進窓口	自動車産業振興室	地域産業課自動車産業係	産業支援課
産学官連携組織	150万台会議	パーツネット北九州	自動車関連取引拡大推進協議会
受注機会の提供	商談会開催 取引斡旋アドバイザー（完成車メーカーOB）の配置	事業拡大コーディネーター（完成車メーカーOB）の配置	商談会開催
人材育成	三次元設計技術者育成プログラム及び金型・メッキ・ゴム技術等の中核人材育成プログラム実施 工業高校生の育成等	中小企業自動車産業技術力向上・人材育成助成事業（完成車メーカーの技術者等による現場指導費用の助成）	自動車関連産業受注力向上支援事業費補助事業 高専等活用中小企業人材育成事業（金型）活用
技術支援	完成車メーカー技術者等による生産カイゼン指導実施 モジュール部品の産学官共同研究の推進 部品生産技術高度化事業	同上 技術指導マネージャー（完成車メーカー社員）の配置	自動車関連産業受注力向上支援事業費補助事業（再掲） 部品企業OB等による生産カイゼン指導実施
設備投資支援　等	自動車産業振興資金	中小企業自動車産業振興助成金	新事業展開支援資金（ものづくりフォレスト構想推進枠）
企業誘致	立地セミナー開催 企業立地促進交付金	国際物流特区企業集積特別補助金	企業立地促進補助金の拡充

出所：各県市資料より作成

場企業の自動車産業への関心がかつてないほど高まっていることも間違いない。しかしながら、こうした充実した施策や地場企業の関心の高まりにも関らず、前述の通り地場企業の自動車産業への参入はそれほど進んでいないのが実情といわざるを得ない。

　中小製造業が主体である地場企業の自動車産業への参入が進まない要因としては、次の点が考えられる。1つには、近年一次部品企業に求められる能力が、個別部品レベルでの「部分最適」から、完成車メーカーのグローバルなサプライチェーン全体での「全

図表7　協力会加盟企業数と九州進出状況

	加盟企業数	うち九州進出済企業数	うち九州未進出企業数
トヨタ　協豊会	203	53(26.1%)	150(73.2%)
（ボデー部会）	94	34(36.2%)	60(63.8%)
（ユニット部会）	109	19(17.4%)	90(82.6%)
日産　日翔会	185	57(30.8%)	128(69.2%)
ダイハツ　協友会	198	53(26.8%)	145(73.2%)
（鋳鍛切削部会）	38	5(13.2%)	33(86.8%)
（プレス部会）	19	11(57.9%)	8(42.1%)
（機能部品部会）	72	12(16.7%)	60(83.3%)
（車体部品部会）	69	25(36.2%)	44(63.8%)

出所：高木直人・岡本洋幸・野田宏昭「第三次新増設ブーム下の九州の自動車産業」『九州経済調査月報』vol.59、No.10

体最適」に変化しており、中小企業にとってはハードルが極めて高くなっていることである。2つには、先に産業集積の抱える構造的な問題性として指摘した生産領域の偏在と開発調達機能の域内欠如に伴う受注機会の喪失である。規模の経済性を背景に、域内における部品の生産領域は車体・内装部品群に偏在しており、付加価値の高い高機能部品群の生産は限定的である。完成車メーカーの協力会加盟企業の九州への進出状況を見ても3割程度にとどまっている（図表7）。また、開発調達機能の域内欠如は、新規参入の必須条件となる開発提案のための情報交流の機会を乏しくしている。3つには、地場企業の技術特性と経営マインドの問題である。歴史的に鉄鋼や造船といった単品受注型の生産体系を構築してきた地場企業にとって、自動車産業における多品種変量、量産、高精度といったニーズに対応することは、生産設備・管理技術面で容易ではない。さらに営業部門自体を有していない企業も多いことに加え、自動車産業における原価低減の厳しさ、新たな投資負担をきらって自動車産業への新規参入に消極的な企業が

少なくないことも指摘できる。

　では、今後の産業振興にむけて地域行政には何が求められるのであろうか。こうした状況を打破することは容易ではないが、以下では求められる方向性を示したい。1つには進出企業のさらなる誘致や機能拡大の促進を図ることである。進出企業の誘致にあたっては、立地環境の整備はもとよりであるが、やみくもに誘致件数を競うのではなく、未進出の高機能部品企業に焦点をあてるとともに、二次クラスも含め域内生産における質的補完を意識する必要がある。あわせて、既進出企業を地域資源として活用する戦略の立案が必要となろう。知識集約的な研究開発機能の取り込みはより中期的な課題となろうが、生産現場に近い生産技術分野の研究開発や量産試作などを切り口に深化させていく方向性が有効であると考えられる[15]。この場合、人的資源をいかに地域として供給していくかが課題となろう。2つには、地場企業の技術特性や経営マインド等を勘案して、自動車産業で求められる生産管理や品質管理面での技能系人材の育成や設備投資を支援することに加えて、発注側である完成車メーカー・大手部品企業と受注側の地場企業双方の取引コストの削減をいかに図るかが重要となる。具体的には、交流接点としての商談会等の継続的開催、情報ポータブルの拡充、地域企業を売り込むためのセールスレップ支援等をとおして進出企業と地場企業の間に存在する情報の偏在を埋めていくことが必要であろう[16]。とりわけ、参入企業の少ないメッキ、熱処理、鋳鍛造、表面処理などの基盤技術を有する地場企業については参入促進に向けた戦略的配慮が求められよう。なお、これらとあわせて、自動車産業において求められる Just In

Time 納入負担の軽減を図るために、地域内の共同配送や共同デポについての検討を進めることも有効と考えられる。

2　求められる広域連携と支援対象の絞込み

　さらに、広域連携の推進と支援対象の絞込みも重要である。連携については、県境を越えた行政間連携と企業間連携の促進双方が求められる。行政間の連携については、2006年1月に福岡県、佐賀県、熊本県、大分県の商工担当部長から構成される北部九州自動車産業振興連携会議が発足、各県の人材育成事業・商談会への相互参加、公設試験機関等の技術指導の相互解放等の連携事業が計画・取り組まれている⁽¹⁷⁾。グローバルに展開する自動車産業にとって、行政区域に過ぎない県境は大きな意味を持たず、部品取引の商流を見ても北部九州は実質的一体化している。その意味で、企業誘致をめぐって競合相手となることもあり、従来商工政策で情報交流の乏しかった各県が連携事業を打ち出したことは、地域のものづくり基盤の強化の点からも望ましく、一段の連携事業の拡大が期待される。そのうえで、今後の課題としては、現在各県市が個別に策定している産業振興計画を踏まえながら、各県市が横並びの重複投資を避けてより戦略的な振興策が展開できるように、北部九州（あるいは九州）全域を対象とする振興計画づくりが望まれる。

　他方、企業間連携についても、既述のリングフロム九州やパーツネット北九州に刺激を受けて、北部九州では行橋市自動車産業振興協議会（2006年1月設立、13社）、大牟田自動車関連産業振興

会(2006年6月設立、16社)等、企業グループが次々と設立されている。多くが行政主導で組織された企業グループであり、個々の活動状況を見ても参入セミナーの開催等にとどまっているものも少なくない。しかしながら、こうしたグループがいわば「情報ターミナル」となり、地場企業と完成車メーカーや進出企業、地場企業相互の「生きた」情報交流が行なわれるようになれば、域内に完成車メーカー等の研究開発拠点や調達機能を持たないハンディキャップを埋めるきっかけになろう。また、地場企業の意識涵養とともに、より高次の企業間ネットワークに移行することにより専門技術を有する地場企業間の新たな生産分業が構築されれば、近年自動車産業で進む部品のユニット発注等への対応も可能になると期待される。そのためには、各グループの磨き上げとともに、県境を越えたグループ間の交流を確保していくことで、より重層的なネットワークに展開していくことが重要になると考えられる。[18]

　さらに、自動車産業の振興に当たっては、一律平等的な施策展開を捨てて、「やる気」と「可能性」のある地場企業を選別し、各種支援策を効率的かつ効果的に投入していくことが望まれる。一般的に、地域行政においては平等性が重視されることが多く、支援対象企業の選定に当たっても重複を避ける傾向が強い。しかしながら、地域行政の厳しい財政状況をも勘案すると、そうした考えを捨てた一点突破的な観点が求められる。そのためには、地域行政側に、地場企業との対話を通して、地場企業の保有する技術や強みを適切に把握・見極める目利き能力の構築が求められる。[19]

■おわりに

　九州では、日産・ホンダの進出を受けた1970年代後半の第1次ブーム、トヨタ九州の進出を受けた1990年代前半の第2次ブームに続き、現在、自動車関連産業の第3次の新増設ブームを迎えていると言われる。こうした中で、地域行政がこれまで重視してきたのはもっぱら進出企業数や出荷額といった量的側面であったことが否めない。しかしながら、日産九州工場が自動車生産を開始して30年余を経て、さまざまな問題を抱えながらも、九州の自動車産業集積は新たな局面を迎えつつある。域内生産100万台に象徴されるような生産量の拡大にとどまらず、例えばトヨタ九州のエンジン工場新設のように生産領域（幅）が広がることも見込まれる[20]。また、自動車生産の拡大を受けて、物流コストの削減のため、部品発注先を域外から域内に切り替える動きも顕在化している。こうした中で、近年の第3次新増設ブームを一時的なブームに終わらせず、かつグローバル規模で激化する地域間競争に勝ち抜くためには、地域内で自動車部品の「何を」「どれだけ生産できている」かが問われるようになっており、産業集積の質的側面を重視する必要が高まっている。

　他方、九州では、これまで地域経済を牽引してきた鉄鋼、化学といった基礎素材型から加工組立型への産業構造の転換が最終局面を迎えている。こうした中で自動車産業集積の発展は、もはや地域経済の持続的発展を果たすために欠くことのできないものとなっている。地域行政には、これらの動きを踏まえて、主体的か

つ戦略的に自動車産業振興の取り組みを進めることが求められる。とりわけ、地場企業の自動車産業への参入を促進することで、脆弱とされる地域内の部品調達基盤の整備を進めることが焦眉の課題である。いうまでもなく、かかる支援は地場企業の活性化という効果をもたらすだけではない。多くの地場企業の自動車産業の参入によって、産業基盤がより重層的なものとなり産業集積としての厚みを増すことは、完成車メーカーや大手部品企業から見れば、行政等が提供する様々なインセンティブやインフラと同様に大きな魅力になる。その意味でこうした産業集積の存在は、地域の自動車産業にとってアンカー(21)としての役割を担うとともに、新たな進出企業を誘引しさらなる集積を生み出していく機能を果たすことが期待されるのである(22)。

【謝辞】

筆者が九州の自動車産業集積の研究を進めるにあたっては、企業関係者の方々とともに、地域行政関係者との対話から多くを学んでいる。特に熊本県の島田万里商工観光労働部長、渡邊昇治総括審議員、産業支援課立川優氏、中川博文氏、中村美智子氏、北九州市では佐藤恵和産業学術振興局長、鮎川典明地域産業課長、岩田健氏、大浦太九馬氏をはじめとする多くの方々には平素からたいへんお世話になっている（肩書きはいずれも執筆時点）。記して感謝したい。

【主要参考文献】
九州経済調査協会 (1998)「九州・山口自動車関連企業一覧」(『データ九州』No1069)
九州経済調査協会 (2005-a)「九州・山口自動車関連部品工場等一覧」(『データ

九州』No1114)
九州経済調査協会 (2005-b)『九州における新たな産業立地施策に関する調査報告書』
九州地域産業活性化センター (2006)『九州の自動車産業を中心とした機械製造業の実態及び東アジアとの連携強化によるグローバル戦略のあり方に関する調査研究報告書』
髙木直人・岡本洋幸・野田宏昭 (2005)「第三次新増設ブーム下の九州の自動車産業」(『九州経済調査月報』vol.59、No.10)
西岡正 (2004)「地方圏進出企業の展開動向と地域中小製造業——九州の自動車部品工業を事例として -」(『熊本学園商学論集』第 10 巻第 2・3 号)
西岡正 (2006)「グローバル時代の新たな国内産業集積の形成と課題 - 九州地域の自動車部品産業を事例として——」(『調査研究報告』第 96 号) 熊本学園大学産業経営研究所

【注】
(1) 本節は日本中小企業学会第 26 回全国大会における筆者の報告に基づいており、発表予定の報告論文の一部を加筆修正したものである。また、紙幅の関係から省略した北部九州の自動車産業集積の実態については、本書別章のほか、西岡 (2006) を参照されたい。
(2) このほか、熊本県大津町ではホンダ熊本製作所が二輪車組立、軽自動車向けエンジン等の生産を行なっている (1975 年操業開始)。また隣接する山口県防府市にはマツダ防府工場が立地している (1982 年操業開始、生産能力約 40 万台)。
(3) このほか営業・物流拠点、特殊車両製造等を含めると 863 事業所となる。詳細は九州地域産業活性化センター (2006) を参照されたい。
(4) 九州通商局 (現九州経済産業局) が行った『自動車部品産業実態調査 (1997 年)』では、域内の自動車関連部品工場数は 1989 年には 358 事業所 (進出企業 134 事業所、地場企業 224 事業所)、1996 年末時点で 520 事業所 (進出企業 261 事業所、地場企業 259 事業所) となっている。また、九州経済調査協会の 1998 年の調査によれば、域内の自動車関連事業所は 687 事業所 (進出企業 335 事業所、地場企業 329 事業所、不明 23 事業所) とされている。
(5) 以下進出企業とは「本社が九州域外にある工場」「本社が九州域内にあっても親会社が九州域外にある生産子会社」を指す。
(6) 但し、2006 年 2 月時点のトヨタ九州へのインタビューによればエンジン

工場の稼動に伴い、域内調達率は50%から今後60%に向上する見込みとのことである。
(7) 九州経済産業局「2003-2004 九州経済 Review & Preview」。自動車関連部品とは「自動車車体」「自動車用内燃機関」「自動車部品」を指す。自給率＝(域内総需要—輸移入額)／域内総需要。
(8) 当然ながら、地場企業を中心とする二次以下の部品企業の生産品目（領域）は一次部品企業の生産品目に規定されるところが大きい。
(9) 150万台会議への改組に当たって福岡県の作成した資料によれば、「100万台構想」策定以降の成果として、①域内生産100万台の達成見通しに加えて、②38社の新規立地、③主なものだけで17社にのぼる地場を含む既存企業の受注拡大・新規参入をあげられている。
(10)「東アジアの発展と北九州地域の自動車産業振興のあり方に関する検討委員会」委員長早稲田大学小林英夫教授、以下委員は筆者を含め6名である。委員会では、北九州市の自動車産業振興の方向性として、以下の8つの提言を行った。①クルマづくりの革新を支える部品集積都市を目指す姿勢の明示、②自動車産業振興に向けた総合的な戦略の策定・更新、③地場企業の新規参入・事業拡大支援と広域連携の促進、④企業誘致の促進、⑤自動車部品企業の集積を促す受け皿の整備、⑥自動車産業に対応した人材の育成・技術開発の支援、⑦中国・韓国など東アジアとのビジネス拡大支援、国際物流拠点としてのPR強化、⑧各種取り組みを国内外にアピールするフォーラム・展示会などの定期開催である。
(11) アイシン九州の既往取引先で構成される協力会とは別組織であり、各社対等な立場での参加が前提とされている。
(12) このほか熊本県は自治体としてはじめて自動車関連技術者の学会である自動車技術会にも加盟している。
(13) さらに熊本県ではものづくりフォレスト構想の下に位置づけられる自動車関連産業振興戦略を2007年3月末を目処に策定予定である。
(14) 本稿で取り上げた3県市以外でも、大分県でも大分県自動車関連産業振興プログラムを2006年2月に策定、同様の関連事業を展開している。
(15) 例えばトヨタ九州では新車立ち上げに伴う生産準備等を自社内で完結できる体制を目指しており、生産設備については地場企業との取引が増加している。また、同社NB室では、既にハリアー、クルーガー等のスポイラーなどのオプション用品につき企画、開発・設計、生産を一貫で行なっている。2005年の同事業の売上規模は約15億円に達しており、今後レクサスブランド車の需要増も見込んでいる。

(16) 自動車産業の特性のひとつとして、原則として部品の新規発注はモデルチェンジサイクルに応じて行なわれることがあげられ、部品企業にとっては実際の受注までに 2 ～ 3 年要することが珍しくない。地域行政には単年度の一過性の取り組みではなく継続的な息の長い取り組みが求められる。
(17) 同会議は、九州地方知事会議（2006 年 10 月）の議論を受けて、鹿児島、宮崎、長崎県も含めた九州自動車産業振興連携会議に改組され、2007 年には 7 県合同事業として商談会が九州内外で開催される予定である。
(18) あわせて、地域資源である大学等の研究機関を巻き込んだ広域的な産学連携の促進が重要であることは言うまでもない。
(19) この点、事例でも紹介したとおり、北九州市が振興策立案の前提として、市内企業への聞取り調査に注力したことは有効であったと考えられる。
(20) このほかデンソー北九州製作所はこれまでのカーエアコンに加えて、新工場を建設して、デンソーが世界トップシェアを有するディーゼルエンジン用燃料噴射装置部品の生産を開始（2006 年 12 月）。また、小糸製作所は同社の西日本ではじめてとなる自動車照明機器の生産拠点を佐賀市に新設している（2006 年 10 月）。これらはいずれも従来九州では生産されてこなかった分野である。
(21) 他地域への生産移管を防ぐという意味で用いている。
(22) 北部九州にとっては中国をはじめとするアジアとの連携をいかに図るかも大きな課題である。

第7章

中国の自動車産業集積と日本自動車部品企業

丸川知雄

■はじめに

　2006年に中国の自動車販売台数は日本を抜いて世界第2位になった。自動車の生産台数でも今の勢いが続けば2010年頃には日本を抜く可能性が高い。ただ、拡大する市場でどの自動車メーカーが勝者となるかは予測しがたい。世界では「勝ち組」に属する日本の自動車メーカーといえども、中国で成功する保証はないのである。本章では、どうしたら中国の自動車産業の成長を日本自動車部品企業の成長に結びつけることができるのかを考えてみたい。

　最初に中国各地に自動車産業の集積地が現れつつある現状を確認する。続いて日本の自動車部品企業のこれまでの進出パターンと取引の特徴を検討し、今後中国で成功するために改めるべき点を指摘する。

■1　中国の地域振興と自動車産業

　昨年(2006年)、中国の自動車販売台数は716万台に達し、日本(約574万台)を抜いて世界第2位の市場になった。自動車の生産台数は728万台で、日本(976万台)とはまだ差があるが、今の勢いが続けば2010年頃には日本に追いつく可能性が高い。

　中国では多くの地方政府が自動車産業の高い成長性に着目し、強い期待をかけている。中国では経済産業政策の指針として5カ年計画が今でも重要な意味を持っているが、地方ごとに策定された第11次5カ年計画（2006～2010年）を見ると、自動車産業を基幹産業に育てたいと考えている地方が多いことがわかる。

　図表1は地方政府の5カ年計画のなかで自動車産業がどのように位置づけられているかをまとめたものである。31ある一級行政区（省・市・自治区）のうち、13地域で自動車産業を今後の地域経済を支える数本の柱の1つという位置づけをしている。その他に9地域でも今後の地域経済を支える数本の柱の1つとして「装備製造業」を挙げ、自動車産業はその重要な構成部分と位置づけている。なお、中国全体の第11次5カ年計画でも自動車産業は装備製造業の重要な構成部分という位置を与えられており、このポジションがいわば「全国並み」の扱いである。他方、3地域では装備製造業自体が余り重視されておらず、6地域では計画のなかに自動車産業に対する言及がない。

　図表1に整理したように、自動車産業を基幹産業と定めている地域のなかには2010年の生産能力目標ないし生産目標まで掲げ

図表1　各地域の第11次5カ年計画における自動車産業の位置づけ

(単位：万台)

	第11次5カ年計画での位置づけ	2010年の生産(能力)目標	生産実績 2000年	生産実績 2005年	生産実績 2006年	最大メーカーの生産台数(2005年)
北京市	現代製造業5業種の一つ		13.71	58.70	68.37	23.1
天津市	優勢産業7業種の一つ	100万台	10.18	32.78	42.38	19.3
河北省	7大主導産業の1つである「装備製造業」の一部		0.94	19.36	12.21	6.8
山西省	7大主導産業の1つである「装備製造業」の一部		0.11	0.01	0.00	0.0
内蒙古自治区	装備製造業の一部		0.07	0.69	1.06	0.7
遼寧省	先進装備製造業の一部	78万台	8.37	14.98	29.01	11.5
吉林省	支柱産業3業種の一つ	180万台	32.26	58.16	63.08	24.6
黒竜江省	先進装備製造業の一部	60万台(軽自動車と乗用車)	12.20	23.61	23.19	22.5
上海市	優勢産業2業種の一つ		25.27	48.45	62.67	33.2
江蘇省	優勢産業5業種の一つ「装備製造業」の一部		8.34	30.05	26.64	11.1
浙江省	10大産業クラスターの一つ「輸送機械・専用機械」		1.08	13.13	20.94	15.0
安徽省	先進製造業3業種の一つ	200万台	5.74	34.25	48.96	18.6
福建省	3大主導産業の一つ		2.36	6.61	7.30	5.9
江西省	6大支柱産業の一つ「自動車・航空」		13.34	20.61	23.45	11.6
山東省	支柱産業6業種の一つ「機械設備産業」の一部	180万台	1.28	22.41	28.43	8.7
河南省	優勢産業6業種の一つ		0.84	3.43	3.21	2.3
湖北省	支柱産業3業種の一つ	130万台以上	18.62	38.90	63.21	14.2
湖南省	3大産業の一つ「装備製造業」の一部		1.74	2.99	5.41	2.5
広東省	主導産業3業種の一つ	150万台以上	3.83	40.22	55.55	23.2
広西自治区	現代製造業8業種の二つ「自動車」「自動車用エンジン」		12.78	37.67	48.05	34.0
海南省	優勢産業6業種の一つ	15万台(乗用車)	0.31	7.31	8.36	7.3
重慶市	重点4業種の一つ「自動車・オートバイ」	120万台	25.28	42.16	66.55	62.2
四川省	その他装備製造業の一部		3.64	4.76	5.47	1.8
貴州省	ほとんど言及なし		0.14	0.00	0.00	0.0
雲南省	言及なし		2.32	5.05	3.63	4.7
チベット自治区	言及なし		0.00	0.00	0.00	0.0

陝西省	3大支柱産業の一つである「装備製造業」の一部	1.93	4.08	10.83	2.5
甘粛省	5大産業の一つである「装備製造業」の一部	0.00	0.00	0.00	0.0
青海省	言及なし	0.00	0.00	0.00	0.0
寧夏自治区	言及なし	0.00	0.00	0.00	0.0
新疆自治区	言及なし	0.14	0.11	0.00	0.1
変動係数		1.31	1.02	1.04	

出所：国家発展和改革委員会発展規画司編『国家及各地区国民経済和社会発展"十一五"規画綱要』中国市場出版社、2006年、『中国汽車工業年鑑』各年版より作成。

ている地域が10もある。中国では1990年代に市場経済化の方針を明確にして以来、5カ年計画のなかで生産量の数値目標を掲げることは少なくなったが、そうした時流に抗して具体的な数値目標を掲げている地域が多いことは、地方政府の自動車産業に賭ける意気込みの強さを表している。しかも、目標とされている生産量は、2005年の生産実績の2～8倍という野心的なものである。10地域の目標を合計しただけでも、2010年に1200万台以上となり、それ以外の地域がたとえ現状維持にとどまったとしても1500万台近い生産規模になる。あと4年で生産規模を2倍にするというのは、いささか野心的過ぎる目標であり、目標通りの生産能力が形成されると、かなりの設備過剰になる可能性がある。

　地方政府がこれほどまで自動車産業に期待するのは、自動車産業が「主導性」を持っているからである。自動車産業の発展は機械、金属、石油化学といった産業に対して生産波及効果を持つが、その効果は機械産業の他分野に比べて特に大きいということはない。重要なことは、自動車産業では巨大企業が最終製品の生産・販売を担っており、その立地行動が関連する企業、とりわけ部品

メーカーに影響を与えることだ。自動車メーカーが大きな工場を構えると、部品企業がその周りに集まる現象は世界中で観察される。単に生産波及効果が大きいだけではなく、近隣地域での生産活動を刺激する効果が大きいのが自動車産業の特徴である。

自動車メーカーの規模が年産10万台を超えると、その周辺にはシートやインストルメント・パネル、燃料タンクなど輸送コストが大きい部品の工場から集積し始める。1つの地域に小さな自動車メーカーが多数あり、合計して年産10万台という場合よりも、1社で年産10万台の大きなメーカーがある場合のほうが部品メーカーを周りに集める主導性はより鮮明である。

そうした観点から、各省最大の自動車メーカーの生産台数を調べると、14地域に2005年時点で年産10万台を超えるメーカーが存在することがわかる（図表1）。これらが自動車・部品産業の集積地になる可能性が高い、あるいはすでに集積地になっている地域である。

2000年と比べてみると、自動車生産台数が年産10万台以上の地域は9から2006年には17へ増えており、変動係数の低下からもわかるように、自動車産業がより多くの地域に散らばっている。このように、中国全体からみると産業立地は分散傾向にあるが、各地域のなかでは自動車関連企業がいくつかの集積地に集まる動きが見られる。

たとえば、ホンダ、日産、トヨタがそれぞれ年産15〜24万台規模の乗用車工場を構え、現代も2007年に商用車工場の稼働を開始する予定の広東省の場合、それぞれの工場がある広州経済技術開発区、花都区、南沙区では部品メーカー向けの工業団地を整

備しており、関連部品メーカーが集まっている。広東省ではほかにも順徳区、中山市、増城市などに部品工業団地が設けられ、日系部品メーカーの集積が見られる。

年産9万台の江鈴汽車が最大のメーカーで、自動車産業ではそれほど目立った存在ではない江西省南昌市でも、地元政府は江鈴汽車の新工場のために工業団地のなかに133ヘクタールの土地を用意し、その周りに早くも数社の部品メーカーが集まっている。

このように各地の地方政府が自動車産業に熱い期待をかけており、現在の趨勢から言っても省の単位で数えて少なくとも15ぐらいの自動車産業集積地が中国に出現するだろう。そうした状況の下で日本の自動車部品企業はどのように対応しているのか、次節で見てみよう。

■2 日本自動車部品企業の立地

日本の自動車部品企業はこれまできわめて活発に中国への投資を進めてきた。株式会社FOURINの調査によれば、2005年2月までの進出件数は生産、開発、輸入販売拠点、統括会社などを含めると865件にも及んでおり、件数では欧米系部品企業や韓国系部品企業を上回る勢力になっている。

そのうち統括会社など純粋にサービスだけを行っている拠点を除き、生産と開発に携わっている813拠点を抜き出して図表2（左から第2列目）でその分布を示した。天津市、上海市、江蘇省、浙江省、広東省の5省・市に全体の4分の3が集まっており、き

図表2　日系自動車部品企業の地域分布

	日系自動車部品企業	乗用車の一次サプライヤー		主要な自動車メーカー（注）
		日系	日系以外	
北京市	18	2	30	現代、ダイムラークライスラー、北汽福田
天津市	105	36	46	一汽夏利、トヨタ
河北省	11	2	21	長城
山西省	2	0	4	
内蒙古自治区	0	0	1	
遼寧省	46	5	20	華晨金杯、BMW
吉林省	15	5	53	一汽、VW
黒竜江省	1	0	6	哈飛
上海市	163	12	134	VW、GM、華普
江蘇省	150	23	73	フィアット、起亜、イベコ、フォード・マツダ
浙江省	46	7	56	吉利、日産ディーゼル
安徽省	9	1	19	奇瑞、江淮
福建省	17	5	6	東南
江西省	0	0	5	江鈴、昌河、スズキ
山東省	28	3	21	GM
河南省	6	1	13	日産
湖北省	10	3	70	東風、シトロエン、日産、ホンダ
湖南省	4	2	10	長豊
広東省	151	53	18	ホンダ、日産、トヨタ
広西自治区	0	0	2	GM、五菱
海南省	0	0	0	海南マツダ
重慶市	7	4	13	長安、スズキ、フォード、いすゞ
四川省	19	4	16	トヨタ
貴州省	2	2	14	
雲南省	0	0	1	
チベット自治区	0	0	0	
陝西省	1	1	4	
甘粛省	0	0	2	
青海省	0	0	0	
寧夏自治区	1	0	0	
新疆自治区	1	0	0	
合計	813	171	658	

注：外資系自動車メーカーは外資側の企業名のみを表示している。
出所：日系自動車部品企業の分布はFOURIN『中国進出世界部品メーカー総覧』付属のCD-ROMから算出、乗用車一次サプライヤーは筆者作成の一次サプライヤーデータベースに基づく。

わめて偏った分布になっている。

　また筆者は中国の乗用車メーカー23社に直接部品を納入している一次部品メーカーのデータベースを作っているが、そのなかで日本の自動車部品企業が資本参加している日系部品メーカー171社を取り出してその立地をみると、やはり上記の5省・市に全体の4分の3以上が集まっている（図表2の「日系」）。ちなみに、図表2の「日系自動車企業」には乗用車以外の自動車部品を作るメーカー、二次メーカー、輸出専門のメーカーなども含んでいるので、乗用車の一次部品メーカーだけを集計した「日系」より大幅に数が多い。

　日系以外の一次部品メーカーも上記の5省・市に全体の半分近くが集まっているものの、それ以外に韓国の現代自動車の工場がある北京市、中国の代表的な国有自動車メーカーの第一汽車やフォルクスワーゲンの工場がある吉林省、やはり重要な国有自動車メーカーである東風汽車やシトロエンの工場がある湖北省などにも多数立地している。

　日系部品メーカーが特定地域に集中する理由は何であろうか。

　第1に考えられるのが、日系自動車メーカーの立地に影響されているということである。

　図表2に各省に立地している主要な自動車メーカーの顔ぶれを示したが、これをみると日系部品メーカーが日系自動車メーカーと同じ地域に進出する傾向があることがわかる。トヨタが大規模な乗用車工場を構える天津にはトヨタ関連の部品メーカーが多数進出しているし、ホンダ、日産、トヨタが工場進出した広東省にも日系部品メーカーが集まっている。

ただ、日本の自動車メーカーの後を追うという論理だけで日系部品メーカーの立地行動がすべて説明できるわけではない。たとえば、湖北省ではホンダと日産が生産を行っているにも関わらず、日系部品メーカーの進出は多くない。両社とも湖北省では年産6～7万台程度の規模しかなく、しかも同じ湖北省といってもホンダが武漢市、日産が襄樊市と互いに300kmも離れているため、部品メーカーが進出をためらっているのかもしれない。だが、重慶市ではスズキが年産11万台の規模で乗用車を生産しているほか、いすゞも小型トラックを作っているにも関わらず日系部品メーカーの進出数は少ない。

　これらの事例から、日系部品メーカーは内陸部への投資を避けているのではないかと考えられる。

　図表2をもう一度みると、日系部品メーカーは沿海部、とりわけ工業の発達し、所得水準も高い地域に集まる傾向が強いことがわかる。前述の5省・市に遼寧省、山東省を加えた7省・市は中国のなかでもっとも発達した地域だが、これらに日系部品メーカーの生産・開発拠点の85％が集まっているのである。図表1に見るように、自動車生産台数でみると安徽省、重慶市、湖北省、吉林省など内陸地域も重要であるにも関わらず、これらの地域には日系メーカーはわずかしか進出していない。

　日系メーカーが沿海部の発達地域を好む理由は何であろうか。なかでも上海市と江蘇省には有力な日系自動車メーカーが立地していないのに日系部品メーカーが多いのはなぜだろうか。実際に進出している部品メーカーを訪ねると次のような理由が浮かび上がってきた。

まず、天津市、広東省、湖北省、重慶市など東西南北に分散した日系自動車メーカーの生産拠点をカバーする拠点として上海市、江蘇省など長江デルタ地域を選んでいるケースがある。部品メーカーが自動車メーカーに近接して工場を設けるのは輸送コストを節約するためであるが、自動車部品のなかには輸送コストが比較的小さいものも多い。そうした部品は中国のどこかで集中的に生産し、各地に輸送した方が総合的なコストは低い。中国のどこか一カ所を選ぶというとき、交通の便がよく、地元にもフォルクスワーゲンやGMなど有力な外資系自動車メーカーがある長江デルタ地域が選ばれることが多い。

　また、日本の自動車部品メーカーのなかには日本に輸入するための低コストの生産基地として中国をとらえていることがある。その場合には、中国のなかでも投資環境が整備されている上海市や江蘇省などを選ぶことが多い。

　ただし、日系部品メーカーが特定地域に集中することでかえってデメリットが生じているケースもある。天津ではトヨタと関連部品メーカーが一斉に新工場を立ち上げて大量の労働者を雇用しようとした結果、一時的にかなり深刻な労働力不足に陥った。本来は協力関係にあるはずの自動車メーカーと部品メーカーの間で労働者の奪いあいが起こった。

　今後も自動車産業が急ピッチで成長を続けるとすれば、産業集積地では今後も労働力、とりわけ熟練労働力の不足が続く可能性がある。上海や北京のように第三次産業が発展すると見込まれる大都市では、労賃や地価の上昇によって自動車部品の生産には不利な状況が増してくることは確実である。他方、近年高速道路網

が急速に発達したこともあり、中国での輸送コストは概して高くない。日系部品メーカーも今後は沿海部の発達地域だけに集中するのではなく、労賃や地価が安い内陸地域も工場立地先として念頭におくべきだと考える。

■3　日系部品企業の部品取引

　日本自動車部品企業の中国進出の件数は非常に多いが、その割には中国の自動車部品の業界で日系メーカーが大きな地位を占めているとは言い難い。なかには自動車用ランプを生産する小糸製作所の現地法人、上海小糸のようにランプのトップメーカーとして数多くの外資系乗用車メーカーに納入しているような事例もあるが、このような事例はそれほど多くない。

　日系部品メーカーの存在感が薄いのは、部品の納入先が少数の日系自動車メーカーに限定されていることが多いからである。そのことは、中国に進出している自動車部品メーカーが何社の乗用車メーカーに部品を販売しているかを比べるとはっきり浮かび上がってくる（図表3）。

　日系の部品メーカーの販売先は1社平均2.2社にすぎず、ドイツ系部品メーカーの3.8社、アメリカ系の3.5社などよりかなり少ない。それどころか中国系部品メーカーさえも下回っているのである。しかも、日系部品メーカーの販売先2.2社のうち、平均して1.2社は日系乗用車メーカーで、日系への依存度が高い。その点、たとえばドイツ系部品メーカーは欧州系乗用車メーカーの

図表3　部品メーカーの販売先自動車メーカー数（国籍別）　　　　　　　　　　（社）

部品メーカー＼自動車メーカー	販売先数	うち日系	米系	欧州系	韓国系	中国系
日系	2.2	1.2	0.2	0.3	0.0	0.3
米系	3.5	0.4	0.8	1.4	0.1	0.8
ドイツ系	3.8	0.3	0.8	1.8	0.1	0.7
台湾系	2.3	1.0	0.4	0.3	0.1	0.3
フランス系	2.9	0.3	0.5	1.7	0.0	0.5
香港系	3.3	0.6	0.4	1.3	0.1	0.7
韓国系	2.6	0.2	0.3	0.5	1.3	0.3
中国系	2.5	0.3	0.4	1.0	0.0	0.7

出所：筆者作成の自動車部品メーカー829社のデータベース。

取引先が多い傾向はあるものの、米系や中国系の自動車メーカーなどにも取引先を広げているのとは対照的である。日系部品メーカーに販売先数が近いのは韓国系部品メーカーで、後者も韓国系乗用車メーカーへの依存度が高い。

　なぜ日系部品メーカーは欧米系部品メーカーより販売先数が少ないのだろうか。少なくとも品質面で日系部品メーカーが欧米系に比べて競争力が劣るとは考えにくい。筆者が見聞した限りでも、日本の自動車部品メーカーは、中国の工場でも日本並みの厳格な品質管理を行っている。日本の自動車部品の高い品質が、日本の自動車メーカーの世界市場での競争力を支えていることは言うまでもない。

　ならば中国の日系以外の自動車メーカーに対する部品販売が少ないのはなぜか。それは日本の部品メーカーがもともと日系自動車メーカーに対する部品供給拠点を作るという明確な目的を持って中国に進出しているためだと見られる。形式的には、部品メーカーが中国に建てた工場から十分に高い品質の部品が供給できることを確認して初めて進出先の工場の部品が採用されるというこ

とになるが、実際には、日系自動車メーカーは日本の本社で幅広い取引関係を持っている日本の部品メーカーを信頼しており、中国に工場進出したらそこの部品を採用することを実質的には保証している。[3]

　日系自動車メーカーと日系部品メーカーとの関係の緊密さは、乗用車メーカーの部品調達先の分析からも浮かび上がってくる。図表4では、乗用車メーカーの側から、どのような国籍の部品メーカーから部品を買っているかを見ているが、日系乗用車メーカーは同じ国籍の部品メーカー（すなわち日系部品メーカー）から調達する傾向が欧米系自動車メーカーなどよりも強い。上海フォルクスワーゲン（VW）の調達先にはドイツ系部品メーカーが比較的多く、上海GMの場合はアメリカ系部品メーカーからの調達が比較的多いとはいえ、日系自動車メーカーと現代は同じ国籍の部品メーカーから買う傾向が際だって強い。

　さらに、単に日系部品メーカーだから買うというのではなく、日本で取引関係を持っているいわゆる系列部品メーカーから買う傾向が顕著である。すなわち、図表4にみるように天津トヨタであれば、トヨタが出資関係を有するトヨタ系部品メーカーから調達することが多い。日産の場合は、今や出資している部品メーカーはほとんどなくなったとはいえ、かつて出資していた部品メーカーを「日産系」とみなすとすると、東風日産の調達先の3割近くは日産系なのである。

　ホンダ、日産、トヨタがみな広州市に乗用車工場を建て、これらに部品を納入する日系部品メーカーも市内や周辺地域に多数進出しているが、日系部品メーカーはホンダ系、日産系、トヨタ系

図表4　乗用車メーカーの部品調達先の内訳（%）

	乗用車メーカーと同じ国籍		中国系	その他外資系
	うち乗用車メーカーと同系列＊			
上海VW	—	13.4	53.9	32.7
一汽VW	—	13.3	54.2	32.5
神龍	—	7.5	59.4	33.1
北京ジープ	—	15.0	57.1	27.9
上海GM	—	16.6	42.1	41.3
長安スズキ	—	12.6	59.5	27.9
広州ホンダ	15.1	54.8	24.7	20.5
東風日産	27.3	43.4	34.0	22.6
東風起亜	—	28.6	26.2	45.2
北京現代	—	81.3	6.3	12.4
天津トヨタ	48.9	78.7	14.9	6.4
東南	—	9.7	41.9	48.4
金杯GM	—	18.8	37.5	43.7
長安フォード	—	31.8	27.3	40.9
一汽紅旗	—	—	59.7	41.3
奇瑞	—	—	62.0	38.0
吉利	—	—	65.9	34.1

＊乗用車メーカーの外資側が現在資本参加しているか、もしくは過去に資本参加していた部品メーカーを「同系列」とみなしている。
出所：中国工業報・汽車周報ほか（2004）、各社でのインタビュー、各社ウェブサイトなどから収集した情報を元に計算。

にはっきりと色分けされている。筆者のデータベースによれば、広東省に立地し、3社のいずれかに部品を納めている日系一次部品メーカーのうち、3社の複数に部品を納める企業は現状では19%しかない。

他方上海市には、上海GMと上海VWという有力な外資系自動車メーカー2社と、多数の部品メーカーが集積しているが、部品メーカーはGM系、VW系と分かれているわけではない。上海VWより10年あとに上海に進出した上海GMは上海VWが築いた部品産業の基盤を活用している。すなわち、上海GMの

部品調達先のうち、上海VWにも部品を納めている部品メーカーは実に86％にものぼっているのである。

　広州市でも、先に進出していた広州ホンダが部品産業の基盤をある程度築いていたが、後から進出した日産やトヨタはそれを活用せず、それぞれが別に新たな基盤を作った。つまり、上海は上海VWと上海GMとそれぞれの部品サプライヤーの関係はOhara（2006）のいう「多極支持型」だが、広州の3社とそれぞれのサプライヤーの関係は「一極集中型」に近い。

　ところが、広東省でも二次部品メーカーまで視野に入れると、たとえばトヨタとホンダの両方から金型を受注するメーカーがあるなど、3社が共通の基盤に立っている部分がある。つまり、一次部品メーカーの段階では系列がかなり鮮明だが、二次部品メーカー以下になると、そもそも日系自動車メーカーが要求する高い品質を満たすことのできる企業が少ないので、3社からの発注が少数の有力なメーカーに集中する傾向がある。同様の現象は北部九州でも観察されている（城戸[1999]）。

　日本の自動車部品メーカーは、日本の自動車メーカーとの長期的かつグローバルな取引関係を作っていて、その関係の延長線上で中国に工場進出する。そのため、中国に進出する前から部品の納入先はほぼ決まっており、工場進出したのに販売先が見つからないリスクは小さい。ただ、その反面中国で新規に取引先を開拓しようという熱意の面では欧米の部品メーカーには及ばないように思われる。

　ＧＭから部品事業が分離されて独立したデルファイ、フォードから部品事業が独立してできたビステオンのように、アメリカに

も「系列部品メーカー」のようなものが存在する。だが、こうした系列部品メーカーの中国での投資行動を見ると、ほとんど元の親会社とは無関係に行動している。たとえばビステオンの中国における最大の販売先は上海フォルクスワーゲンと上海ＧＭであり、フォードは中国ではビステオンにとって販売先の一つにすぎない。それに対して、トヨタの部品事業から1949年に分離されて独立したデンソーの場合、中国に22社設立した現地法人のうち15社はトヨタが立地する天津と広州に集中しており、トヨタの中国事業に協力することがデンソーの中国進出における最大のテーマであることは明瞭である。

■4　日系部品企業の自立

　日系部品企業は日本の自動車メーカーとの信頼関係を基盤にして進出するので、販売先が見つからないというレベルの失敗例は少ない。ただ、部品メーカーが中国に進出して発展できるかどうかは、ひとえに販売先である自動車メーカーが市場で多くの自動車を販売できるかどうかにかかっている。販売先を少数の自動車メーカーに絞ると、その販売先である自動車メーカーが販売不振に陥ったときに、道連れにされてしまうリスクがある。

　世界全体のレベルではトヨタ、ホンダ、日産など日本の自動車メーカー各社は「勝ち組」を占めているが、中国市場でも成功するかどうかは予断を許さない。中国の乗用車市場では日系自動車メーカーは後発勢力である。先行したVWやGMをここ数年猛

図表5　中国でのグループ別乗用車出荷台数

グループ	2005年		2006年	
	台数	シェア	台数	シェア
VW	483,068	17.3%	681,796	17.8%
GM	325,471	11.6%	408,129	10.7%
現代起亜	330,279	11.8%	373,997	9.8%
ホンダ	212,926	7.6%	286,799	7.5%
奇瑞	183,994	6.6%	272,432	7.1%
トヨタ	135,471	4.8%	271,641	7.1%
吉利	149,869	5.4%	204,331	5.3%
日産	157,516	5.6%	198,905	5.2%
フォード	62,925	2.2%	135,571	3.5%
スズキ	90,717	3.2%	112,097	2.9%
中国系	802,739	28.7%	1,095,815	28.6%

注：ベーシック型乗用車に限る。　出所：中国汽車工業協会。

追し、シェアを高めてはいるものの、まだ5〜7％程度のシェアである（図表5）。

　北米などで成功しているからいずれ中国市場でも成功すると楽観視することはできない。なぜなら、中国政府が2004年あたりから、中国の自動車産業における「自主ブランド」や「自主開発」を強力に奨励しはじめたからである。政府は、中国で活動する外資系自動車メーカーに対しては中国で「自主開発」を行うよう迫り、中国系自動車メーカーに対しては「自主ブランド」が成長するよう支援している。日系自動車メーカーといえども、中国では「自主ブランド」にシェアを奪われたり、「自主開発」に余分なコストを割かねばならないリスクに直面している。

　すでに中国系自動車メーカーは乗用車市場でも3割近くを占めるにいたった（図表5）。特にトヨタを上回る台数を生産した奇瑞、日産を上回る台数を生産した吉利の2社が注目されている。

　中国の自動車市場は変化が激しく、誰が10年後の勝者となる

か予測がつかない。2001年までは、先行したVWが乗用車市場の半分を占めていた。ところが、「先行者利益」はまったく利かず、2004～2005年は現代の躍進とVWの低落が目立った。だが、2006年になると今度は現代の快進撃がぱったりと停まり、VWがめざましく回復し、トヨタの躍進も目立った。勝者は毎年のように入れ替わり、世界での勝者が中国でも勝つとは限らない。

こうした変化の激しい市場のなかでは、部品メーカーは少数の自動車メーカーに取引先を絞ると、市場での各社の浮沈の影響を強く受けることになる。日本の部品メーカーは日系自動車メーカーに協力するという中国事業の基本線は変えないだろうが、取引先を多角化することでリスクの分散することもそろそろ真剣に検討した方がよい。そのためには、中国の現地法人に権限を委譲し、現地法人が自立的に経営戦略をたてる態勢が必要である。

販売先の候補としてもちろん欧米系や韓国系の自動車メーカーは考慮すべきだが、いま中国市場を舞台に成長中の中国系自動車メーカーも無視できない。これまでのところ日系部品メーカーは中国系自動車メーカーに余り食い込んではいない。筆者は奇瑞の部品調達先として249社を特定したが、うち外資系は84社で、日系はわずか10社にすぎない。日系部品メーカーから見ると、奇瑞のような中国系自動車メーカーは部品代金を取りはぐれるのではないかという懸念があるようである。

ただ、中国系自動車メーカーに対する販売の可能性は十分に検討するべきである。なぜなら、第1に、中国系メーカーは政府の後押しを受けて中国市場での勝者になる可能性があるからである。第2に、中国系メーカーが設計・開発能力は不十分なのに、

自社ブランドの自動車を手早く市場に投入しようとする傾向があるため、部品メーカーが有利な取引をできる可能性があるからである。

実際、奇瑞などの中国系自動車メーカーは乗用車のデザインをジウジアーロやピニンファリナといったイタリアのデザイン会社に委託し、エンジンもしばしば外部の専門メーカーから購入する。筆者の調査によれば、全部で100社ある中国系自動車メーカーのうち93社までが社外からエンジンを調達しており、うち58社は完全に社外からのエンジンだけに頼って自動車を作っている。車体のデザインだけでなく、基幹部品のエンジンまで全面的に社外に頼るというのは日本の自動車産業では考えられないことだが、中国の自動車メーカーは外注できるものは基幹部品でもデザインでも何でも外注し、なるべく優良な要素を集めて短期間で自動車を作ろうとする傾向がある。

このように中国系自動車メーカーがサプライヤーに対して依存する傾向が強いことは、部品メーカーにとって大きなチャンスである。そうしたチャンスをつかんだ事例として三菱自動車のエンジン合弁工場、瀋陽航天三菱があげることができる。同社は、本来は三菱自動車が中国で自動車の生産をするための布石として設立されたものだった。ところが、中国側が三菱自動車に対して自動車生産に対する許可をなかなか出さないうちに、三菱の経営が悪化したため、中国での自動車生産どころではなくなった。エンジン工場だけが中国に取り残されて、販売先がなくて困っていたところ、中国の自動車メーカーからエンジンを売って欲しいという注文が次々に舞い込むようになった。今は30社前後の自動車

メーカーにエンジンを販売している。

　中国系自動車メーカーは、自社ブランドの乗用車を早く市場に投入したいが、自社の力では性能のよいエンジンを作れない。そうした需要に、販売先がなくて困っていた三菱自動車がうまくはまりこんだのである。瀋陽航天三菱ではエンジンだけでなく、トランスミッションや排ガス対策に必要な三元触媒装置などもあわせて自動車メーカーに販売している。設計能力が不十分な中国系自動車メーカーに対してこれらをワンセットで提供することで、能力不足を助けると同時に、売上を増やすことができる。

　こうした商売はエンジン以外の部品でも可能である。たとえばコックピット・モジュール（運転席の前面のインストルメント・パネルにメーターなどを取り付けたもの）を中国系自動車メーカー向けに設計し、組み立てて丸ごと販売するという事業も考慮に値する。

　すでに上海GMや上海VWなど欧米系の自動車メーカーもコックピット・モジュールを部品メーカーから購入しているが、こうした外資系自動車メーカーの場合は、コックピット・モジュールの設計を自ら行い、部品も直接買い付けるので、モジュールを生産する部品メーカーは、実質的には組立の外注先として利用されているのにすぎない。これでは、得られる収入は組立の加工賃だけで、余りうまみのあるビジネスではない。

　ところが、中国系自動車メーカーの場合は、自社に開発能力が不足しているため部品メーカーにコックピット・モジュールの設計や部品調達まで丸ごと任せてくれるのである。そうなれば、部品メーカーは設計や部材の見直しによって生産コストを引き下げる工夫をすれば、マージンを増やすことができ、うまみのある仕

事になる可能性が高い。中国系自動車メーカー向けにモジュールを販売したほうが、外資系自動車メーカーから受注するよりも、かえって利益率が高い可能性がある。

■おわりに

　日本の自動車部品企業は日本の自動車メーカーの後を追ってきた側面が強いが、中国に来た以上は、中国でいかに事業を長期的に発展させるかという観点から販売戦略を構築すべきだ。そうした観点から、中国系自動車メーカーへの販売は視野に入れておく必要がある。部品メーカーにとっては、中国系自動車メーカーの成長は脅威ではなく、むしろチャンスだととらえるべきだ。

　ただ、中国企業との取引は日本の自動車メーカーとの関係のようにはいかないことは肝に銘じておく必要がある。中国企業相手に「今日は我慢するが、明日はいい仕事をくれる」といった互酬的な関係に期待することはリスクが大きく、むしろいつ関係を清算しても損にはならないような関係を目指すべきである。

　中国企業は、特定の外国企業とだけ緊密な関係を築くような閉鎖的なパートナーシップは避ける傾向がある。思えば中国政府もアメリカ、ロシア、日本などと「戦略的パートナーシップ」を結ぶなど多角的な外交戦略を繰り広げている。中国企業の戦略もそれと一脈通じるところがある。自動車産業では、たとえばホンダと合弁を組んで成功させた広州汽車は、トヨタとも合弁企業を作り、さらに現代とも作った。東風汽車などは最初はシトロエンと

合弁事業を立ち上げたが、後に起亜、ホンダ、日産と、どんどんパートナーを増やしている。あるパートナーとの事業が成功しても、なおどん欲に新たなパートナーを求める。

それは最初のパートナーとの関係に不満だからではなく、むしろ中国企業がバーゲニングパワーを高めるために採る戦略だと考えた方がよい。つまり、中国企業にはブランドや技術などバーゲニングパワーになるものが何もないので、特定の外国企業と1対1のパートナーシップを築くと、必ず相手に依存することになる。それを避けるために何人かの外国パートナーを天秤にかけるような戦略を採るのである。

いずれにせよ中国の自動車産業というパイ全体が今後拡大していくことは間違いない。その拡大を自社の事業の成功に結びつけるには、部品メーカーは、どの自動車メーカーが勝者となっても構わないぐらいのしたたかな戦略が必要だ。

【文献】

Florida, Richard, Davis Jenkins, and Donald F. Smith (1998), "The Japanese Transplants in North America: Production Organization, Location, and Research and Development," in Robert Boyer, Elsie Charron, Ulrich Jurgens, and Steven Tolliday eds. *Between Imitation and Innovation: The Transfer and Hybridization of Productive Models in the International Automobile Industry*. Oxford University Press.

Fujimoto, Takahiro, 1999, *The Evolution of the Manufacturing System at Toyota*, New York: Oxford University Press.

Marukawa, Tomoo, 2006, "The Supplier Network in China's Automobile Industry from a Geographic Perspective" *Modern Asian Studies Review* (Toyo Bunko), Vol.1.

Nishiguchi Toshihiro, 1994, *Strategic Industrial Sourcing: The Japanese Advantage*,

New York: Oxford University Press.

Ohara, Moriki, 2006, *Interfirm Relations under Late Industrialization in China*, Chiba, Institute of Developing Economies, Japan External Trade Organization.

Sako Mari, 1992, *Prices, Quality and Trust: Inter-firm Relations in Britain and Japan*, Cambridge, Cambridge University Press.

FOURIN『中国進出世界部品メーカー総覧』FOURIN、2005年。

城戸宏史(1999)「21世紀の九州・山口の自動車部品産業と北九州市の産業戦略」(北九州大学北九州産業社会研究所『東北アジアにおける部品産業の相互連関に関する実証的研究Ⅱ 日・中・韓部品産業の現状分析』)

野尻亘(2005)『新版・日本の物流——流通近代化と空間構造』古今書院

小川佳子(1998)「わが国自動車1次部品メーカーの立地に関する一考察」(森川洋編『都市と地域構造』大明堂)

国家発展和改革委員会発展規画司編(2006)『国家及各地区国民経済和社会発展"十一五"規画綱要』中国市場出版社、2006年

中国汽車技術研究中心・中国汽車工業協会『中国汽車工業年鑑』(各年版)中国汽車工業年鑑編輯部

中国工業報・汽車周報ほか編(2004)『中国汽車零部件供応商手冊 上冊・下冊』長春、吉林科学技術出版社

【注】

(1) 日本の自動車メーカーと部品メーカーの工場立地については、アメリカでの集積傾向を指摘したFlorida, Jenkins, and Smith(1998)、日本国内での工場立地を検討した小川(1998)、ジャスト・イン・タイムと立地の関係を議論した野尻(2005)などの研究がある。

(2) その理由の説明と現状分析はMarukawa(2006)で詳しく行った。

(3) 日本の自動車メーカーと部品メーカーの間の長期的な取引関係や信頼関係についてはFujimoto(1999), Nishiguchi(1994), Sako(1992)らが指摘している。

終章

丸川知雄

　自動車産業はヨーロッパに生まれ、アメリカで大きく発展したが、21世紀はアジアが世界の自動車産業の中心になりそうだ。1994年の時点では、世界の自動車生産に占めるアジア、北アメリカ、西ヨーロッパの割合は29.7％、29.5％、29.5％とほぼ拮抗していた。だが、2002年からアジアが他を引き離し始め、2004年段階ではアジア35.8％、北アメリカ25.5％、西ヨーロッパ27.0％という割合になっている。

　メーカー別で見ても、長らく世界一の自動車メーカーだった米ゼネラル・モーターズ（GM）の生産台数にトヨタが肉薄しており、両社の経営状況からみて、近いうちに世界一の座が交代するとみられる（トヨタもGMのように合弁会社での生産台数を加算するならば、すでにGMを上回っているという説もある）[1]。アメリカのビッグ3や欧州メーカーが君臨した時代は20世紀とともに終焉を迎え、21世紀は日本のビッグ3（トヨタ、日産、ホンダ）に韓国の現代起亜を加えた東アジア4社の台頭とともに幕が開けた。中国の新興自動車メーカーも、自国市場の成長を糧に台頭し

ている。今は中国市場以外では競争力はないが、今後「大化け」する可能性はある。

アジアでは多くの国や地域が地域経済振興の切り札として自動車産業に大きな期待をかけており、自動車メーカーの誘致合戦を繰り広げている。

なぜ各国政府や地方自治体はこれほどまで自動車産業を好むのか。それは自動車産業が同じ地域に産業を引き寄せる力が他の産業よりも格段に強いからである。自動車産業のそうした「求心力」はこの産業が持つ次の3つの性質に由来する。すなわち、①最終製品の輸送コストが比較的小さいこと、②部品のなかには輸送コストの大きいものが少なくないこと、そして、③規模の経済性があることである。①と③の性質があるために、自動車はビールなどとは違って、地域ごとの工場から地元向けに生産されるのではなく、たとえば、アメリカのある都市で大量に生産されて全米に販売されたり、あるいは日本からアメリカに輸出されることになる。従って、自動車工場の誘致に成功すれば、その工場は地域の需要規模に制約されることなく、世界を相手に生産活動を行うことで成長を続ける可能性が高い。ところが、雇用機会や税収など成長の恩恵は主に地元に落ちることになる。

さらに、②の特徴があるため、自動車工場の周りには、輸送コストの大きい部品の工場が集まってくる。つまり、自動車工場を誘致するとイモヅル式に部品工場も引き寄せられ、地元に雇用や税収の面で大きな波及効果をもたらす（もっとも、自動車部品のなかでも輸送コストが小さなものに対しては自動車産業の求心力は働かない）。部品工場はさらに構成品を購入したり、部品の加

工を外注したりするため、地元の関連企業も受注を拡大できるかもしれない。もちろん、実力ある地元企業は直接自動車メーカーに部品を納入するチャンスもある。このような関連産業に対する求心力は他の産業にはあまり見られないものである。たとえば電子製品は前述の3つの性質のうち①と③を備えているが、②を具備していないため、電子部品メーカーに対する求心力は弱い。

　ただ、自動車産業の集積が過度に進むと、今度は遠心力が働き始める。すなわち、過度の集積によって労働力の慢性的不足が生じるようになると、自動車メーカーは集積地以外での工場立地を考えるようになる。自動車産業では、強度の高い肉体労働を規律正しくこなすことのできる労働力を自動車組立工場だけで数千人必要とする。さらにそこへ自動車部品メーカーも集まってきて同様の労働力を大量に求めることになるので、早晩地元の人々だけでは足りなくなってくる。最終製品市場での価格競争が厳しいため、賃金を上げるにも限界がある。日本の東海地域では慢性的な人手不足が続き、日本の他地域からの出稼ぎや、日系ブラジル人労働者など移民労働力の存在なくしては自動車産業が成り立たなくなっている。

　他方、自動車産業の生産ラインでは、異常を感知したときにすばやく対処できる能力や、作業能率の改善提案を行えるような熟練労働者が求められている。短期間で辞めていくような労働力だけでは効率の高い生産を維持することは難しい。長期間勤め続ける基幹的な労働力がどうしても必要である。自動車産業が過度に集積した地域や、第三次産業など他にも好条件の雇用機会が多い地域では、基幹労働力になる人材を確保することが難しい。

自動車産業に働くもう1つの遠心力は政治的な要因に基づくものである。多くの国や地域が自動車産業を発展させたいと考えて、自動車メーカーを誘致するだけでなく、自動車メーカーに様々な圧力を加えるため、自動車メーカーは単なる経済の論理だけで企業立地を決められない状況におかれることも多い。たとえば日米貿易摩擦のなかで、アメリカの政府や議会が輸入規制や報復関税の実施を検討したことが、日本の自動車メーカーがアメリカでの現地生産を開始する大きな要因になった。中国への外国自動車メーカーの進出が急増しているのも、中国政府が（以前よりは関税を引き下げ、輸入規制を減らしているとはいえ）なお高い関税によって国内市場を保護し、輸入車販売に対する規制強化をちらつかせたりすることと無縁ではない。また、中国国内でも地方政府が政府調達において地元産自動車を優先したり、地元タクシー会社に地元産自動車を使うように陰に陽に圧力をかけるため、外国自動車メーカーが進出先を検討する際には、地元市場の規模や地元政府と良好な関係を作れるかどうかも重要な検討材料にならざるを得ない。日本でもマツダ（東洋工業）の経営が思わしくなかった時期に地元広島が県を挙げて支援したという興味深い事例を本書第4章（太田志乃執筆）が紹介している。

　以上のように、自動車産業には特定地域への求心力と、集積が過度に進んだ時に他の地域への展開を促す遠心力が働く。その結果、日本でも愛知県や神奈川県など伝統的な集積地では生産規模の伸びが止まる一方、北部九州や東北など新興の集積地が浮上してきた。

　但し、新興の集積地に引き寄せられる部品産業は今のところま

だ輸送コストの大きな部品が中心で、部品の構成品（二次部品）や輸送コストの小さな部品は、愛知県や関東地域など伝統的な集積地から新興集積地に運ばれている。二次部品であれば、地元の企業が受注できる可能性もあるが、現実には地元企業の品質管理能力、コスト低減能力がまだ評価されていないため、二次部品の需要は新興集積地の外に流出している。

　二次部品や輸送コストの小さな部品は国境を越えて運ばれていくことも多い。ただ、国境を跨ぐ場合、単に輸送コストや輸送時間に還元できないリスクがある。それは政府の政策の変更によって通関が差し止められたり、関税が変更されるリスクである。欧州のように人と物の移動に対してシームレスな環境を作るための努力がなされている地域内ではそうしたリスクは小さいが、東アジアはおよそシームレスとはほど遠いのが現状である。そのことが、国境を越えた部品の取引に一定の制約を加えている。九州と韓国は対馬海峡を隔てて向かい合ってはいるものの、自動車部品の貿易は少ない。もし仮に日韓の間でシームレスな環境が実現できた暁には、韓国東南部の自動車産業集積と、北部九州の自動車産業集積とが国境を越えて融合することもありうる。

　いずれにせよ、自動車産業は、部品メーカーなどに対する求心力を有することから、必然的に「地域に根を張る」産業である。それゆえに、地元政府の果たすべき役割は非常に大きい。自動車メーカーの工場の周りに部品メーカーが集まってこようとするときに、その工場用地を積極的に提供できるか。部品メーカーと自動車メーカーの間で発生する頻繁な物流と、地域住民の交通とが矛盾なく共存できるように対策をとれるか。自動車産業が労働力

不足に陥っている時に移民政策を適切に調整できるか。地元のサポーティング・インダストリーをもり立て、自動車産業から地元の産業に対する生産波及効果を大きくできるか、など地元政府が果たしうる役割は大きい。自動車産業を誘致する際にも、そうした一連の問題に地元政府が積極的に取り組む姿勢を持っているかが問われることになる。

そうした地方政府の役割について、我々は北九州市の取り組みから多くを学んできた。本書の執筆陣のうち小林、藤樹、西岡、太田、丸川は 2005 年に北九州市産業学術振興局のもとに設置された「東アジアの発展と北九州地域の自動車産業振興のあり方に関する検討委員会」に参加し、北部九州で自動車産業を振興するためのアイディアを出し合ってきた。委員会での意見交換や共同で行った企業調査を通じて、自動車産業の集積地が成長する論理、新興の自動車産業集積地の進出企業と地場製造業との産業連関を構築する上での問題点と対策などについて多くを学んだ。

本書は検討委員会での活動を通じて我々が学んできたものをささやかながら社会に還元するために書かれた。検討委員会の活動を支えてくださった北九州市産業学術振興局の佐藤恵和、鮎川典明、岩田健、大浦太九馬の各氏には深く感謝したい。

また、本書の刊行に対して早稲田大学総合研究機構より出版助成をいただいたことに感謝する。

今後、日本のみならず、韓国や中国の自動車産業もさらに飛躍を遂げるであろう。自動車メーカーの興亡は、それぞれが基盤をおく産業集積地の盛衰にも大きな影響を与える。東アジア各地の地域経済の将来を考える上で、自動車産業の動向から今後も目が

離せない。

　2007 年 3 月 12 日

【注】
(1)『日経ビジネス』2007 年 2 月 26 日号。

執筆者紹介

小林英夫（こばやし・ひでお）
1943年生まれ。東京都立大学大学院社会科学研究科博士課程単位取得。
駒澤大学教授を経て、現在早稲田大学大学院アジア太平洋研究科教授。
2003年、早稲田大学日本自動車部品産業研究所所長。
著書『東南アジアの日系企業』（日本評論社、1992年）、『「日本株式会社」を創った男：宮崎正義の生涯』（小学館、1995年）、『日本企業のアジア展開』（日本経済評論社、1999年）、『戦後アジアと日本企業』（岩波書店、2000年）、『産業空洞化の克服』（中央公論新社、2003年）、『日本の自動車・部品産業と中国戦略』（工業調査会、2004年）など。

丸川知雄（まるかわ・ともお）
1964年生まれ。東京大学経済学部卒業。
アジア経済研究所研究員を経て、現在東京大学社会科学研究所助教授。
著書『市場発生のダイナミクス：移行期の中国経済』（日本貿易振興会アジア経済研究所、1999年）、『労働市場の地殻変動』（名古屋大学出版会、2002年）など。

清晌一郎（せい・しょういちろう）
1946年生まれ。横浜国立大学経済学部経済学科卒。
（財）機械振興協会経済研究所を経て、現在関東学院大学経済学部教授。
日系トランスプラントを含む海外自動車産業調査を続け、米国MITのIMVPなど多数の海外プロジェクトに参加。
主要論文「曖昧な発注・無限の要求による品質・技術水準の向上」（中央大学経済研究所編『自動車産業の国際化と生産システム』中央大学出版部、1990年、所収）、「価格設定方式の日本的特質とサプライヤーの成長発展」（『関東学院大学経済経営研究報』No.13）、「基本要素の確立による生産のシステム化」（『関東学院大学経済研究系』177号）など。

竹野忠弘（たけの・ただひろ）
1959 年生まれ。早稲田大学大学院経済学研究科修士課程終了。同大学大学院アジア太平洋研究科国際関係学専攻博士後期課程在籍。
東京都立工業高等専門学校助教授を経て、現在名古屋工業大学大学院工学研究科助教授。
共編著『東アジア自動車部品産業のグローバル連携』（文眞堂、2005 年）、共著『ジャストイン生産システム』（日刊工業新聞社、2004 年）など。

太田志乃（おおた・しの）
1977 年生まれ。早稲田大学大学院アジア太平洋研究科博士後期課程在籍。
論文「東京都・大田区における自動車部品製造への取り組み」（小林英夫・竹野忠弘編著『東アジア自動車部品産業のグローバル連携』文眞堂、2005 年）、「拡大する BRICs 自動車市場　ロシアの自動車・部品産業」小林英夫・大野陽男編著『世界を駆けろ日本自動車部品企業』（日刊工業新聞社、2006 年）など。

藤樹邦彦（ふじき・くにひこ）
1965 年、東京大学経済学部卒業。
日産自動車(株)入社。同社部品調達部主管、(株)日立製作所オートモティブ事業部購買部長など一貫して資材調達を担当。2002 年より藤樹ビジネス研究所代表。中小企業診断士。福岡県北九州市自動車産業事業拡大コーディネーター。JETRO 自動車アドバイザーなど。
著著『変わる自動車部品取引—系列解体』（エコノミスト社、2002 年）。

西岡正（にしおか・ただし）
1966 年生まれ。名古屋市立大学大学院経済学研究科修士課程終了。
中小企業金融公庫を経て、現在熊本学園大学商学部助教授。2007 年 4 月、神戸学院大学経営学部准教授就任予定。
共著著『産業集積の本質』（有斐閣、1998 年）、『地域ブランドと産業振興』（新評論、2006 年）など。

地域振興における自動車・同部品産業の役割

2007年3月31日　初版第1刷発行

編著者＊小林英夫・丸川知雄
発行人＊松田健二
発行所＊株式会社社会評論社
　　　　東京都文京区本郷 2-3-10　　tel.03-3814-3861/fax.03-3818-2808
　　　　http://www.shahyo.com/
印　刷＊P&Pサービス
製　本＊東和製本

Printed in Japan